Morris Terfa Aloysius

Desenvolvimento de uma substância semelhante à insulina à base de plantas para o controlo da diabetes

Morris Terfa Aloysius

Desenvolvimento de uma substância semelhante à insulina à base de plantas para o controlo da diabetes

ScienciaScripts

Imprint
Any brand names and product names mentioned in this book are subject to trademark, brand or patent protection and are trademarks or registered trademarks of their respective holders. The use of brand names, product names, common names, trade names, product descriptions etc. even without a particular marking in this work is in no way to be construed to mean that such names may be regarded as unrestricted in respect of trademark and brand protection legislation and could thus be used by anyone.

Cover image: www.ingimage.com

This book is a translation from the original published under ISBN 978-620-7-84425-8.

Publisher:
Sciencia Scripts
is a trademark of
Dodo Books Indian Ocean Ltd. and OmniScriptum S.R.L publishing group

120 High Road, East Finchley, London, N2 9ED, United Kingdom
Str. Armeneasca 28/1, office 1, Chisinau MD-2012, Republic of Moldova, Europe
Printed at: see last page
ISBN: 978-620-8-13378-8

Uma introdução a este livro Development of Plant Based Insulin-Like, for Diabetes Management

A diabetes mellitus, uma doença crónica caracterizada por níveis elevados de açúcar no sangue, afecta milhões de pessoas em todo o mundo. O tratamento atual baseia-se na insulina injetável, uma terapia que salva vidas, mas com limitações. Este livro apresenta a investigação inovadora levada a cabo na Universidade de Nicósia, Chipre, sob a estimada supervisão da Professora Eleni Andreou, do Professor Kyriacos Felekkis e do Professor Christos Petrou. Em colaboração com o Professor Egwim C. Evans da Universidade Federal de Tecnologia, Minna, Nigéria, explorámos o potencial excitante dos compostos semelhantes à insulina à base de plantas para a gestão da diabetes.

Este livro é uma adaptação acessível da minha tese de doutoramento, meticulosamente dividida em quatro partes. Cada parte, formatada como um artigo científico, aprofunda um aspeto específico da nossa investigação. Os capítulos destas partes serão familiares para aqueles que estão familiarizados com publicações de investigação, apresentando resumos, introduções, metodologias detalhadas, resultados, discussões perspicazes e observações conclusivas, todos acompanhados de referências completas.

Através deste livro, desvendamos a jornada de desenvolvimento de moléculas semelhantes à insulina à base de plantas como um futuro potencial para o tratamento da diabetes. Exploramos os fundamentos científicos, aprofundamos as metodologias empregues e apresentamos os resultados empolgantes desta investigação. Esta exploração é imensamente promissora para uma abordagem mais conveniente, acessível e potencialmente mais económica para o tratamento da diabetes.

Para efeitos de referência a este livro: Citação: Aloysius, Morris Terfa; Andreou, Eleni; Kyriacos, Felekkis; C. Petrou; Egwim Chidi Evans (2024) Desenvolvimento de insulina semelhante à planta, para a gestão da diabetes

Índice de abreviaturas

BYAM	Bitter Yam
BH1	BYAM n-hexane fraction
BH2	BYAM n-hexane fraction (second fraction)
BC1	BYAM chloroform fraction
BC2	BYAM chloroform fraction (second fraction)
BE	BYAM ethyl acetate fraction
BA	BYAM aqueous fraction
FRAP	Ferric reducing antioxidant power
MFPE	Mixed food plant extract
OS	Okra seed
OH1	Okra seed n-hexane fraction
OH2	Okra seed n-hexane fraction (second fraction)
OE	Okra seed ethyl acetate fraction
OA	Okra seeds aqueous fraction
TBIRS	Time-bound insulin releasing system
UNRP	Unripe plantain
UH1	Unripe plantain n-hexane fraction
UH2	Unripe plantain n-hexane fraction (second fraction)
UC	Unripe plantain chloroform fraction
UE	Unripe plantain ethyl acetate fraction
YPDM	Yeast peptone-dextrose medium or media

Prefácio

O papel das plantas na vida humana, quer como alimento quer como
medicamento, não pode ser exagerado. As plantas têm sido a pedra angular da
nutrição humana e das práticas terapêuticas durante milénios. Recentemente, a
atenção dada às plantas intensificou-se, nomeadamente na descoberta de novos
agentes terapêuticos. Esta tendência é impulsionada pelo reconhecimento
crescente dos benefícios para a saúde e dos potenciais terapêuticos inerentes a
várias espécies de plantas.

A exploração de plantas para fins terapêuticos conduziu a descobertas
significativas no tratamento de várias doenças. Descobriu-se que os compostos à
base de plantas possuem várias propriedades bioactivas, incluindo efeitos anti-
inflamatórios, antioxidantes e antidiabéticos. Estas propriedades fazem das
plantas um recurso valioso para desenvolver novos tratamentos e melhorar as
práticas médicas existentes.

A diabetes é uma epidemia global bem conhecida que afecta uma parte
significativa da população mundial. A doença divide-se em dois tipos: diabetes
mellitus tipo 1 (DM1) e diabetes mellitus tipo 2 (DM2). A diabetes tipo 1
representa cerca de 10% dos casos de diabetes e caracteriza-se pela incapacidade
do pâncreas de produzir insulina devido à destruição das células beta. Em
contrapartida, a diabetes de tipo 2, que representa cerca de 90% dos casos, resulta
principalmente da resistência à insulina, em que as células do corpo não
conseguem utilizar a insulina de forma eficaz.

O principal desafio no controlo da diabetes reside na disfunção das células beta na
produção de insulina e na resistência das células à insulina. No DM1, a destruição
autoimune das células beta leva a uma completa falta de produção de insulina,
necessitando de terapia com insulina. Na DMT2, apesar da presença de insulina,
as células tornam-se resistentes, levando a níveis elevados de glucose no sangue.
Esta doença, se não for gerida eficazmente, pode resultar em complicações graves,
incluindo doenças cardiovasculares, neuropatia, nefropatia e retinopatia.

A procura de tratamentos eficazes para a diabetes levou os investigadores a investigar o potencial das terapias à base de plantas. As plantas são uma fonte rica em compostos bioactivos que podem ajudar no tratamento da diabetes. Por exemplo, verificou-se que certas plantas têm propriedades miméticas da insulina, aumentam a secreção de insulina, melhoram a sensibilidade à insulina e apresentam actividades antioxidantes. Estas propriedades tornam as terapias à base de plantas uma via promissora para o controlo da diabetes.

1. **Propriedades miméticas da insulina**: Alguns extractos de plantas demonstraram imitar a ação da insulina, ajudando assim a baixar os níveis de glicose no sangue.
2. **Melhorar a secreção de insulina**: Certos fitoquímicos podem estimular o pâncreas a produzir mais insulina, ajudando assim a gerir mais eficazmente os níveis de glucose no sangue.
3. **Melhorar a sensibilidade à insulina**: Alguns compostos de plantas podem melhorar a sensibilidade das células à insulina, ajudando a reduzir a resistência à insulina e a gerir o T2DM de forma mais eficaz.
4. **Actividades Antioxidantes**: Muitas plantas possuem propriedades antioxidantes que podem ajudar a atenuar o stress oxidativo, uma condição associada às complicações da diabetes.

O papel das plantas no fornecimento de benefícios nutricionais e medicinais é crucial, particularmente no contexto de desafios de saúde globais como a diabetes. A investigação em curso sobre terapias à base de plantas é promissora para opções de tratamento mais eficazes e naturais para o controlo da diabetes. Ao aproveitar o potencial terapêutico das plantas, podemos desenvolver novas estratégias para combater esta doença generalizada e melhorar a qualidade de vida de milhões de pessoas em todo o mundo.

É muito interessante ver o Dr. Morris T. Aloysius criar um nicho para si próprio, concentrando os seus esforços de investigação na investigação sobre a diabetes. O seu trabalho é particularmente profundo na utilização de células de levedura para ensaios de citotoxicidade, um método que tem suscitado interesse entre os investigadores devido à natureza única das células de levedura como organismos eucarióticos, frequentemente considerados análogos às células de mamíferos. Esta abordagem inovadora não só aumenta a fiabilidade dos ensaios, como também fornece informações valiosas que são aplicáveis à saúde humana.

A utilização de células de levedura em ensaios de citotoxicidade oferece várias vantagens. As células de levedura partilham muitos processos biológicos com as células de mamíferos, o que as torna um modelo adequado para estudar as respostas celulares a vários compostos. Esta semelhança permite aos investigadores tirar conclusões mais relevantes sobre os potenciais efeitos destes compostos nas células humanas. A investigação do Dr. Aloysius utiliza este modelo para explorar a eficácia e a segurança da insulina à base de plantas e de outros agentes terapêuticos para o controlo da diabetes.

Os investigadores bioquímicos, os biólogos celulares e moleculares e os epidemiologistas acharão, sem dúvida, o livro do Dr. Aloysius muito útil. O livro fornece uma visão geral abrangente das metodologias empregues na investigação sobre a diabetes, particularmente no contexto das terapias à base de plantas. Detalha os procedimentos de partição de extractos brutos, avaliação da viabilidade celular e análise da eficácia de várias fracções de extractos. Estas descrições detalhadas oferecem uma orientação valiosa para os investigadores que procuram replicar ou desenvolver o trabalho do Dr. Aloysius.

Além disso, os conhecimentos do livro sobre as actividades antioxidantes dos extractos de plantas e o seu potencial para atenuar as doenças relacionadas com o stress oxidativo, como a diabetes e o cancro, fazem dele um recurso essencial para os investigadores em áreas relacionadas. A modelação cinética das fracções de extrato e a introdução do "Time-Bound Insulin Releasing System" (TBIRS) fornecem abordagens inovadoras para compreender e aproveitar o potencial terapêutico dos compostos à base de plantas.

O livro do Dr. Morris T. Aloysius é uma contribuição significativa para o campo da investigação sobre a diabetes. Ao centrar-se na utilização de células de levedura para ensaios de citotoxicidade e ao explorar terapias à base de plantas, o Dr. Aloysius abriu novas vias de investigação e potenciais tratamentos. O seu trabalho não só faz avançar a nossa compreensão da gestão da diabetes, como também constitui um recurso valioso para investigadores de várias disciplinas, abrindo caminho para futuras descobertas e inovações.

Dr. Funsho D. Olowoniyi
Licenciatura, Mestrado, Doutoramento em Bioquímica
Diretor de Investigação e Comunicações Estratégicas

Instituto Politécnico Federal, Nasarawa; Nigéria.

Prefácio

É com grande satisfação que apresento este livro, *"Development of Plant BasedInsulin-Like for Diabetes Management"*. Este livro abre novos caminhos e incentiva a investigação sobre insulina à base de plantas para o controlo da diabetes, bem como a utilização de culturas de linhas celulares de levedura para investigações bioquímicas.

Este livro será particularmente útil para os estudantes de Ciências da Alimentação e Nutrição. A investigação abrangida é relevante para universidades, politécnicos, monotécnicos, faculdades de educação e instituições de investigação e foi concebida para satisfazer as necessidades dos estudantes de várias faculdades onde a Alimentação e a Nutrição são disciplinas principais ou electivas. Estas incluem Biologia Celular, Microbiologia, Bioquímica, Saúde Comunitária, Agricultura, Farmácia, Saúde Ambiental e outras disciplinas relacionadas com a saúde.

O conteúdo deste livro foi concebido para agradar tanto a estudantes como a professores, graças à sua sequência lógica. O livro está estruturado de forma abrangente, compreendendo cinco partes:

1. Subtítulo 2. Introdução Capítulo 3. Revisão da literatura Capítulo 4. Métodos e materiais Capítulo 5. Resultados Capítulo 6. Discussão e conclusão Capítulo
7. Referências: Uma lista completa das citações utilizadas no corpo do texto.

Cada secção é meticulosamente elaborada para garantir que os leitores possam seguir a progressão da investigação, compreender as metodologias utilizadas e apreciar o significado das conclusões. O fluxo lógico do conteúdo facilita uma compreensão mais profunda do assunto, tornando-o um recurso inestimável tanto para estudantes como para educadores.

Ao aprofundar o desenvolvimento de terapias à base de plantas semelhantes à insulina para o controlo da diabetes, este livro não só contribui para o conjunto de conhecimentos existentes, como também inspira mais investigação e inovação neste domínio fundamental. Estou confiante de que este livro será uma adição significativa às bibliotecas académicas e servirá de base para futuros estudos sobre abordagens terapêuticas à base de plantas para a diabetes.

Dr. Morris Terfa Aloysius
Nasarawa, Nigéria.
agosto de 2024

Índice

PARTE 1
CAPÍTULO 1

Determinação da Viabilidade Celular em Cultura de Células de Levedura para o Estudo de Algumas Terapias à Base de Plantas com Libertação de Insulina e Atividade Semelhante à Insulina (*Abelmoschus esculentus L., Musa paradisiaca,* e *Dioscorea dumetorum*)

Resumo

A determinação da viabilidade em cultura de células de levedura para o estudo de algumas plantas terapêuticas com atividade libertadora de insulina e semelhante à insulina *(Abelmoschus esculentus L, Musa paradisiaca e Dioscorea dumetorum)* foi estudada utilizando técnicas normalizadas e ferramentas de análise de dados, respetivamente. A linha de células de levedura foi utilizada para este estudo. A medição das células de levedura a OD600 foi efectuada com a ajuda de um espetrofotómetro. A contagem das células de levedura foi feita primeiro com um hemocitómetro para determinar o número de células de levedura (como uma correlação entre a OD600). A célula de levedura era muito viável 95,9%. Os métodos de exclusão do corante azul de Tripan e da OD600 sugerem a viabilidade das células e a sua eficácia na interação com as fracções do extrato e com o substrato de glucose. A re-suspensão simples, a re-suspensão dupla, a primeira e a segunda re-suspensão para ambas as re-suspensões, o YPDM com as células e o PBS para o teste T independente e o teste T emparelhado deram resultados semelhantes em cada um dos ensaios, tendo sido encontrados resultados significativos em todos eles; sugerindo que a eficácia do ensaio de viabilidade celular com o corante azul de Tripan e o método OD600 foram comparados e verificados. Por conseguinte, a levedura de padeiro (Saccharomyces cerevisiae) pode ainda ser recomendada como o microrganismo eucariótico perfeito para investigações bioquímicas.

1.0 INTRODUÇÃO

As fases de viabilidade e as proporções de propagação das células são sinais decentes do bem-estar celular.

Os mediadores físicos e químicos podem perturbar o bem-estar e o metabolismo das células (Aslantürk, 2017). Estes mediadores podem originar danos nas células através de diversos dispositivos, como a danificação das membranas celulares, a paragem da síntese proteica, a ligação permanente a receptores, uma reserva de alongamento de polideoxinucleótidos e respostas enzimáticas (Ishiyama *et al;* 1996) para ver a morte iniciada por estes dispositivos; são necessários ensaios de citotoxicidade temporária e de viabilidade celular razoáveis, fiáveis e repetíveis. Os ensaios de viabilidade e citotoxicidade de células cultivadas in vitro são amplamente utilizados para experiências de citotoxicidade de produtos químicos e para o rastreio de vários medicamentos. A utilização destes ensaios tem sido objeto de uma atenção crescente nos últimos tempos. Estes ensaios são também utilizados em investigações ontológicas para medir a nocividade de compostos e a reserva de crescimento de células tumorais no decurso do desenvolvimento de medicamentos. São rápidos, baratos e não implicam a utilização de animais.

Um nutriente pode ser um material utilizado por um organismo para viver, desenvolver-se e reproduzir-se. A condição para a ingestão de nutrientes na dieta aplica-se a animais, plantas, fungos e protistas. Os nutrientes são frequentemente combinados em células para processos metabólicos ou excretados para obter estruturas não celulares, como pêlos, escamas, penas ou exoesqueletos. Alguns nutrientes podem entrar em moléculas mais pequenas no processo de libertação de energia, como os hidratos de carbono, lípidos, proteínas e produtos de fermentação, dando origem a produtos finais de água e emissões de gases com efeito de estufa. Todos os organismos precisam de água. Os nutrientes essenciais para os animais são as fontes de energia, vários aminoácidos combinados para fornecer proteínas, um subgrupo de ácidos gordos, vitaminas e certos minerais. As plantas necessitam de minerais mais variados, absorvidos através das raízes, e de gases com efeito de estufa e oxigénio absorvidos através das folhas. Os fungos vivem em matéria orgânica morta ou viva e satisfazem as necessidades de nutrientes do seu hospedeiro.

Diversos tipos de organismos têm diversos nutrientes essenciais. Por exemplo, a vitamina C (ácido ascórbico) é essencial, o que significa que deve estar em quantidades adequadas para os seres humanos e algumas outras espécies animais, mas não para todos os animais e nem para as plantas, que a podem fabricar. Os nutrientes são também orgânicos ou inorgânicos: os compostos orgânicos incluem a maioria dos compostos constituídos por carbono, enquanto todos os outros produtos químicos são inorgânicos. Os nutrientes inorgânicos incluem nutrientes como o ferro, o selénio e o zinco, enquanto os nutrientes orgânicos incluem, entre muitos outros, compostos energéticos e vitaminas.

Normalmente, *Abelmoschus esculentus L* (quiabo) pode ser uma cultura de alto valor porque caracteriza uma fonte de nutrientes que são significativos para a saúde humana, por exemplo, vitaminas, potássio, cálcio, hidratos de carbono, fibra dietética e ácidos gordos insaturados como os ácidos linolénico e oleico, e da mesma forma de produtos químicos bioactivos (Moyin-Jesu, 2007; Habtamu *et al;* 2014). O quiabo pode ser uma cultura versátil graças às várias utilizações das suas folhas, botões, flores, vagens, caules e sementes (Mihretu *et al;* 2014). O quiabo é há muito tempo um vegetal e uma fonte de medicamento dietético (Maganha *et al;* 2010; Benchasr, 2012; Messing *et al;* 2014; Roy *et al;* 2014). De facto, para além do seu papel nutricional, é apropriado para alguns usos terapêuticos e industrializados (Benchasr, 2012)

O perfil dos constituintes bioactivos em várias partes do quiabo é bem aceite: para as misturas polifenólicas da vagem de quiabo, caroteno, ácido fólico, tiamina, riboflavina, niacina, vitamina C, ácido oxálico e aminoácidos (Roy *et al;* 2014; Jain *et al;* 2012; Gemede *et al;* 2015; Petropoulos *et al;* 2018); para as misturas polifenólicas da semente de quiabo, principalmente catequinas oligoméricas e subprodutos de flavonol, proteína (ou seja, altos níveis de lisina) e segmento de óleo (especificamente (Durazzo *et al;* 2018) o seu óleo resultante é rico em ácidos palmítico, oleico e linoleico) (Arapitsasas *et al;* 2018), altos níveis de lisina) e segmento de óleo (especificamente, (Durazzo *et al*; 2018) seu óleo resultante é rico em ácidos palmítico, oleico e linoleico) (Arapitsas, 2008; Adelakun *et al;* 2009; Adelakun e Oyelade, 2011; Jarret *et al;* 2011; Dong *et al;* 2014; Hu *et al;* 2014; Steyn *et al;* 2014; Durazzo *et al;* 2018; Wei *et al;* 2016); para carboidratos de raiz e glicosídeos de flavonol e principalmente minerais, taninos e glicosídeos de flavonol para folhas (Idris *et al*; 2009; Calueta *et al*; 2014). Liao *et al*; (2012) chamou a atenção para a ocorrência em várias proporções de fenólicos totais e flavonóides totais e propriedades antioxidantes numa parte extremamente diversificada das plantas, ou seja, flor, fruto, folha e semente. Vários constituintes do quiabo (flavonóides, polissacáridos e vitaminas) possuem actividades biológicas significativas (Durazzo, 2017). A valorização das relações dos constituintes bioativos durante a quantificação das propriedades antioxidantes (Durazzo, 2017) caracteriza uma primeira etapa para a compreensão de suas ações biológicas e propriedades benéficas.

A Musa paradisiaca (banana verde) contém a composição proximal subsequente: Humidade

59g, Proteína bruta 7,7g%, Lípidos brutos 1,5g%, Cinzas 1,4g%, Fibra bruta 1,4g%, Hidratos de carbono 24,4g%, e energia bruta 148,6Kcal/100g. Ao mesmo tempo, a composição mineral consiste em sódio 200mg, potássio 370mg, cálcio 126,5g, magnésio 375mg, ferro 2,53mg, fósforo 220mg, zinco 3,74mg, manganês 2,99mg e cobre 1,66mg (Adepoju *et al;2T12}*. A composição proximal mineral e fitoquímica do extrato aquoso de Dioscorea dumetorum (inhame amargo) contém o seguinte Proteína bruta 6,44g%, Gordura bruta 0,75g%, Fibra bruta 15,00g%, Cinzas totais 3,45g%, Humidade 70,04g, Hidratos de carbono 19,36%, e energia 109,5kcal/100g. Potássio 17.036,00ppm (parte por milhão), Magnésio

I, 630,50ppm, Sódio 521,00ppm, Cálcio 484,50ppm, Ferro 204,75ppm, Manganês 55,25ppm, Cobre 17,40ppm, Zinco 10,70ppm e Fósforo

II. 55ppm. Além disso, os flavonóides, alcalóides, saponinas e glicosídeos cardíacos estão presentes em pequenas quantidades. Ao mesmo tempo, os taninos e as antraquinonas estão ausentes (Nimenibo e Oriakhi, 2017).

Anteriormente, a invenção da insulina em 1922 para o tratamento da diabetes dependia largamente de processos dietéticos, que incluíam a utilização de tratamentos vegetais. Existem vários tratamentos vegetais para a diabetes (Bailey e Day, 1989; Swanston-Flatt *et al;* 1991, Gray e

Flatt, 1997a). No entanto, alguns, através de estudos científicos ou terapêuticos, e a Organização Mundial de Saúde (OMS) sugeriram que o tratamento da diabetes com plantas merece uma avaliação mais aprofundada (OMS, 1980).

Um agente antidiabético pode exercer um efeito benéfico na condição diabética, aumentando a secreção de insulina, melhorando e imitando a ação da insulina (Gray e Flatt 1997a).

1.2 A descoberta da insulina

Em 1889, os cientistas alemães Minkowski e Von Mering reconheceram que a pancreatectomia total dava origem a diabetes grave (Bliss, 1993). Postularam que um material segregado pelo pâncreas era responsável pela regulação metabólica. Outros cientistas avançaram com esta postulação, observando que a diabetes se devia à danificação das ilhotas de Langerhans no interior das células do pâncreas. Apesar de Minkowski, bem como Zuelzer na Alemanha e Scott nos EUA, terem tentado, sem sucesso, separar e administrar o material das ilhotas pancreáticas ausentes. O investigador belga de Meyer, em 1909, sugeriu o nome "insulina", tal como o cientista britânico Schaefer, em 1916 (Wilcox, 2005).

Finalmente, em 1921, a insulina acabou por ser separada, purificada e apresentada de uma forma extremamente capaz de uma gestão benéfica. Em maio de 1921, o cirurgião de Toronto Banting, apoiado pelo académico médico Best, e com a supervisão de McLeod, professor de metabolismo dos hidratos de carbono, iniciou experiências em cães. Administrou extractos salinos gelados do pâncreas, por via intravenosa, a cães induzidos a diabéticos por pancreatectomia e detectou uma diminuição da glicose. Em dezembro de 1921, este esforço foi dado a conhecer à American Physiological Association, e o bioquímico James Bertram Collip, que passou a fazer parte da equipa, confirmou que este extrato também reparava a utilização do glicogénio hepático e a capacidade de eliminar as cetonas. No espaço de um mês, precisamente em janeiro de 1922, teve início um ensaio humano único num rapaz diabético de 14 anos que apresentava indicações clínicas e defeitos bioquímicos que se normalizaram com a administração da substância pancreática separada. Em maio de 1922, uma substância ativa foi denominada insulina e, por conseguinte, os resultados desses ensaios foram revelados à Associação de Médicos Americanos. Posteriormente, Eli Lilly começou a produzir insulina suína, melhorando a purificação por precipitação isoeléctrica, produzindo tamanhos comercializáveis em 1923. Banting e McLeod foram homenageados pelos seus esforços em 1923 (Bliss, 1993).

1.3 Nutracêuticos

A ideia de nutracêuticos como alimentos-farmacêuticos tem origem há muito tempo. O termo provém de duas palavras: "nutriente" e "farmacêutico", foi inventado por Stephen DeFelice e é definido como "um alimento ou uma parte de um alimento que fornece benefícios medicinais ou para a saúde, nomeadamente devido à inibição e gestão de uma doença" (DeFelice, 1995). Esta definição resulta numa referência limitada à definição de suplemento alimentar. Os dois prometem benefícios para a saúde; no entanto, os nutracêuticos provenientes de um alimento ou de uma parte de um alimento; os suplementos alimentares são apenas um material utilizado sem ajuda ou em combinações com a probabilidade de adicionar micronutrientes assim que o organismo os necessitar. A parte definida por DeFelice (DeFelice, 1995) - especificamente a parte protetora e, portanto, a gestão de uma doença - está ausente da definição e da possibilidade dos suplementos alimentares, que podem ser um suporte para o corpo, mas não parecem ser necessários para possuir uma eficácia clínica prolongada sobre uma condição de saúde. Com base nestas preocupações, parece, por conseguinte, ser de extrema importância cunhar uma definição especial para os nutracêuticos, prevendo a sua utilização "fora da dieta" como um aparelho capaz de parar ou atrasar o início de algumas perturbações patológicas prolongadas assintomáticas; por exemplo, hipercolesterolemia e hipertrigliceridemia. As etapas de uma preparação nutracêutica extremamente nova devem começar com a identificação do distúrbio mais patológico, semelhante ao que ocorre com as preparações de medicamentos (Santini e Novellino, 2017).

1.4 Viabilidade celular

O presente estudo analisa a possível presença de produto(s) natural(ais) num extrato aquoso de plantas alimentares mistas, que estimula a secreção de insulina.

As fases de viabilidade e as proporções de propagação das células são sinais decentes do bem-estar celular.

Os mediadores físicos e químicos podem perturbar o bem-estar e o metabolismo das células (Aslantürk, 2017). Estes mediadores podem originar danos nas células através de diversos dispositivos, como a danificação das membranas celulares, a paragem da síntese proteica, a ligação permanente a receptores, uma reserva de alongamento de polideoxinucleótidos e respostas enzimáticas (Ishiyama *et al;* 1996) para ver a morte iniciada por estes dispositivos; são necessários ensaios de citotoxicidade temporária e de viabilidade celular razoáveis, fiáveis e repetíveis. Os ensaios de viabilidade e citotoxicidade de células cultivadas in vitro são amplamente utilizados para experiências de citotoxicidade de produtos químicos e para o rastreio de vários medicamentos. A utilização destes ensaios tem sido objeto de uma atenção crescente nos últimos tempos. Estes ensaios são também utilizados em investigações oncológicas para medir a nocividade dos compostos e a reserva de crescimento das células tumorais no decurso do desenvolvimento de medicamentos. São rápidos, baratos e não implicam a utilização de animais.

Além disso, ajudam a testar um número excessivo de amostras. Os ensaios de viabilidade celular e de citotoxicidade baseiam-se em várias funções celulares, como a penetrabilidade das citomembranas, a ação enzimática, a observação celular, a criação de ATP, a criação de co-enzimas e a ação de captação de nucleótidos (Ishiyama *et al*; 1996). Os ensaios in vitro de citotoxicidade e viabilidade celular têm méritos, como a rapidez, o baixo custo e a possibilidade de informatização, e as investigações com células humanas podem ser mais aplicáveis do que algumas investigações in vivo com animais. No entanto, têm alguns deméritos, uma vez que não são suficientemente sofisticados para substituir as investigações em animais (Chrzanowska *et al*; 1990). É crucial compreender qual a percentagem de células viáveis que restam e qual o número de células mortas no final da experimentação - uma vasta gama de ensaios de citotoxicidade e viabilidade celular tem sido atualmente utilizada nos domínios da toxicologia e da farmacologia. A seleção da técnica de ensaio é fundamental para avaliar a natureza da interface (Sliwka *et al;* 2016).

PARTE 1

CAPÍTULO 2

2.0 Classificação dos ensaios de citotoxicidade e viabilidade celular

Embora existam diversas categorizações para os ensaios de citotoxicidade e de viabilidade celular, estes ensaios exercem uma ação inversa em função dos parâmetros analíticos (variações de cor, fluorescência e luminescência).

2.1   Exclusão de corantes: Azul de tripano, eosina, vermelho do Congo, ensaios de eritrosina B.

2.2   Ensaios colorimétricos: Ensaio MTT, ensaio MTS, ensaio TXT, ensaio WST-1, ensaio WST-8, ensaio LDH, ensaio SRB, ensaio NRU e ensaio violeta cristal.

2.3   Ensaios fluorométricos:

Ensaio AlamarBlue e ensaio CFDA-AM.

2.4   Ensaios luminométricos:

Ensaio de ATP e ensaio de viabilidade em tempo real.

2.5   Ensaios de exclusão de corantes

Foram experimentados vários métodos para determinar o número de células viáveis numa população de células. A única abordagem amplamente utilizada é o método de exclusão de corantes. As células viáveis excluem os corantes no âmbito do método de exclusão de corantes, mas as células mortas não excluem o corante. Embora a técnica de descoloração seja modesta, muitas amostras são difíceis e lentas (Yip e Auersperg, 1972). No entanto, a determinação da integridade da membrana é viável através do método de exclusão do corante. Existe uma gama de corantes, incluindo a eosina, o vermelho do Congo, a eritrosina B e o azul de tripano (Bhuyan *et al;* 1976, Krause *et al;* 1984). Entre os corantes listados, o azul de tripano tem sido amplamente utilizado (Eisenbrand *et al;* 2002, Aslantürk e Askin, 2013a, Aslantürk e Askin, 2013b, Aslantürk e Askin, 2013c). Se for necessário aplicar ensaios de exclusão de corantes, devem ser analisados os factores subsequentes:

a. As células afectadas letalmente por mediadores citotóxicos podem necessitar de vários dias para perder a integridade da sua membrana.

b. As células vivas podem ainda multiplicar-se.

c. As células aproximadamente letais não são descoloradas com corante no início da duração da cultura, uma vez que sofrerão uma fragmentação inicial.

Os factores a) e c) podem provocar um erro de cálculo da necrobiose quando o resultado do ensaio é apoiado pela observação da percentagem de viabilidade (Weisenthal *et al;* 1983, Son *et al;* 2003, Lee *et al;* 2005). Os ensaios de exclusão de corantes têm méritos distintos para a análise da quimiosensibilidade. São relativamente modestos, envolvem menores quantidades de células rápidas e identificam células mortas em populações de células que não se dividem. São necessários mais estudos sobre o papel provável destes ensaios na análise de quimiosensibilidade. Por outro lado, nenhum destes corantes se destina a ser utilizado em culturas de células em monocamada, mas sim em células em suspensão; por conseguinte, as células em monocamada devem ser previamente tripsinizadas (Krause *et al;* 1984).

2.6 Ensaio de exclusão do corante azul de Tripan

Este ensaio de exclusão do corante é utilizado para verificar a quantidade de células viáveis e mortas na mesma suspensão celular. O azul de tripano pode ser uma molécula de grande carga. O ensaio de exclusão do corante azul de tripano baseia-se no facto de as células vivas possuírem membranas celulares completas que excluem este corante, enquanto as células mortas não o fazem. Durante este ensaio, as células aderentes ou não aderentes com diluições em série de compostos de ensaio durante vários tempos. Isto ocorre após o tratamento das células e da suspensão com o composto. As suspensões de células com corante são então examinadas visualmente para ver se as células absorvem ou excluem o corante. As células viáveis terão um citoplasma transparente, enquanto as células mortas terão um citoplasma azul (Johnston, 2010, Strober, 2001). A microscopia de luz mostra o número de células viáveis e mortas por unidade de volume como uma percentagem de células de controlo não tratadas (Strober, 2001, Aslanturk e Askin, 2013d). **Méritos:** Este método é fácil, barato e um sinal autêntico da integridade da membrana (Ruben, 1988), e as células mortas são coloridas a azul segundos após o contacto com o corante (Stone *et al;* 2009). **Desvantagens:** A contagem de células utiliza essencialmente um hemacitómetro (Absher, 1973). Por isso, podem ocorrer erros de contagem (cerca de 10%). São erros de contagem a difusão reduzida das células, a perda de células no decurso da difusão celular, a diluição incorrecta das células, o enchimento inadequado da câmara e a incidência de bolhas de ar no interior da câmara (Absher, 1973). Além disso, embora a técnica de descoloração seja modesta, é um desafio processar um número excessivo de amostras em simultâneo, principalmente quando é necessário um planeamento preciso dos efeitos citotóxicos avançados (Yip e Auersperg, 1972).

Além disso, a descoloração azul de Tripan não consegue distinguir entre células saudáveis e vivas, mas perde papéis celulares. Consequentemente, não é adequadamente profundo para ser utilizado na análise da citotoxicidade in vitro. Outro demérito do azul de tripano é o efeito secundário nocivo deste corante nas células de mamíferos (Kim *et al;* 2016).

2.7 Ensaio de exclusão do corante eritrosina B

A eritrosina B, também designada eritrosina ou vermelho n.º 3, é utilizada principalmente como corante (Kim *et al*; 2016; Marmion, 1979). A eritrosina B foi anteriormente um corante básico para a contagem de células viáveis. O padrão deste ensaio de exclusão de corante é comparável ao padrão do ensaio de exclusão de corante azul de Tripan. Embora a eritrosina B seja outro corante dinâmico bio-seguro para a contagem de células, não está muito habituado a contar células viáveis ou mortas.

Méritos: Os méritos são o baixo custo, a facilidade de uso e a biossegurança (Kim *et al;* 2016).

Desvantagens: A sua técnica é lenta e trabalhosa. Além disso, os possíveis deméritos incluem a impureza da câmara de contagem de células reutilizável, diferenças nas proporções de enchimento do hemocitómetro e diferenças entre utilizadores (Kim *et al*; 2016).

2.8   Ensaios colorimétricos

O padrão dos ensaios colorimétricos é a extensão de um marcador bioquímico para avaliar a ação metabólica das células. Os produtos químicos utilizados nos ensaios colorimétricos mudam de cor em reação à viabilidade das células, permitindo o ensaio colorimétrico da viabilidade celular através de um espetrofotómetro. Os ensaios colorimétricos são apropriados para linhas de células aderentes ou suspensas, sem stress para executar e relativamente baratos (Prabst *et al;* 2017a, *Prabst et al;* 2017b). Existem kits comercializáveis de ensaios colorimétricos em várias empresas, e as técnicas de investigação de rotina desses ensaios podem ser obtidas em pacotes de kits.

2.9   Ensaio MTT

O ensaio MTT (brometo de 3-(4, 5-dimetiltiazol-2-il)-2-5-difeniltetrazólio) é um dos ensaios colorimétricos mais frequentemente utilizados para avaliar a citotoxicidade ou a viabilidade celular (Mosmann, 1983). Este ensaio controla a viabilidade celular principalmente através da definição do papel mitocondrial das células, quantificando a ação de enzimas mitocondriais como a succinato desidrogenase (Stone *et al;* 2009). Durante este ensaio, o MTT é transformado em formazan púrpura pelo NADH. O resultado pode ser medido pela absorvância da luz num comprimento de onda selecionado.

Méritos: Esta técnica é muito superior aos métodos de exclusão de corantes anteriormente referidos, uma vez que é fácil de aplicar, inofensiva e tem uma grande capacidade de repetição.

Desvantagens: O MTT formazan é difícil de dissolver em água, desenvolvendo células roxas em forma de agulha. Por conseguinte, antes de determinar a absorvância, é essencial utilizar um solvente orgânico, como o dimetilsulfóxido (DMSO) ou o isopropanol, para tornar os cristais solúveis. Além disso, a citotoxicidade do

O MTT formazan dificulta a eliminação do meio de cultura celular dos poços da placa graças à libertação das células com as agulhas de MTT formazan, dando origem a uma imprecisão importante de poço para poço (Stone *et al*; 2009, Bopp e Lettieri, 2008). Devem ser efectuadas mais experiências de regulação para medir os resultados falso-positivos ou falso-negativos produzidos pela intromissão de fundo devido à presença de partículas. Esta intromissão pode levar a uma sobrestimação da viabilidade celular. Acontece frequentemente ao deduzir a absorvância de fundo das células na presença das partículas, mas sem os produtos químicos do ensaio (Stone *et al*; 2009, Bopp e Lettieri, 2008).

2.10 Ensaio MTS

O ensaio MTS (5-(3-carboximetiltioxifenil)-2-(4, 5-dimetiltiazolil)-3-(4-sulfofenil) tetrazólio, ensaio do sal interno) pode ser um ensaio colorimétrico. Este ensaio baseia-se na conversão de um sal de tetrazólio num formazan colorido pela ação mitocondrial de células vivas. A quantidade de formazan formada depende do número de células viáveis em cultura e pode ser lida com um espetrofotómetro a 492 nm.

Méritos: Investigações prévias defendem que o ensaio de citotoxicidade in vitro MTS reúne todas as estruturas de um bom método analisado em termos de ausência de stress, exatição e um sinal rápido de toxicidade (Berg *et al*; 1994, Tominaga *et al*; 1999). O ensaio MTS pode ser um método de citotoxicidade in vitro rápido, profundo, barato e preciso. O processo deste ensaio é incrivelmente modesto em relação a outras experiências toxicológicas. Este ensaio oferece os melhores recursos para a análise da citotoxicidade, uma vez que é fácil de utilizar, rápido, fiável e barato. Assim, será utilizado para avaliações toxicológicas urgentes (Berg *et al*; 1994, Cory *et al*; 1991, Riss e Moravec, 1992, Promega, 1996).

Desvantagens: A extensão da absorvância lida a 492 nm é influenciada pelo período de cultivo, tipo de célula e número de células. A quantidade de substâncias químicas indicadoras de MTS nas células de uma cultura afecta igualmente o nível de absorvância analisado. Investigações anteriores recomendaram uma associação linear entre o período de cultivo e a absorvância para intervalos de cultivo breves de cerca de cinco horas (Cory *et al*; 1991, Rotter *et al*, 1993, Buttice *et al*; 1993). Assim, os períodos de cultivo adequados para este ensaio situam-se entre uma e três horas.

2.11 Ensaio TXT

Um método colorimétrico baseado no sal de tétrazólio TXT (2, 3-bis (2-metoxi-4-nitro-5sulfofenil)-5-carboxamida-2H-tetrazólio, sal monossódico) foi inicialmente definido por Scudiero *et al.* (Scudiero *et al*; 1988). Embora o MTT forme um composto de formazan que não é solúvel em água, o que é essencial para liquefazer o corante de mcdo a obter a sua absorvância, a TXT produz um corante solúvel em água. A técnica de TXT serve apenas para determinar a multiplicação e é, por conseguinte, uma excelente resposta para estimar as células e analisar a sua viabilidade. A TXT é utilizada para avaliar a multiplicação celular como reação a diversas dinâmicas de crescimento. É igualmente necessária para avaliar a citotoxicidade. Este ensaio baseia-se no poder de redução do sal de tetrazólio TXT a compostos de formazan de cor laranja por células metabólicas vivas. O formazan cor de laranja é solúvel em água e a sua intensidade pode ser diferenciada com um espetrofotómetro. Existe uma associação linear entre a intensidade do formazan e, por conseguinte, a quantidade de células viáveis. A utilização de placas de múltiplos poços e de um espetrofotómetro (ou leitor ELISA) permite a análise de muitas amostras e a obtenção de resultados sem dificuldade e rapidamente. Esta técnica de ensaio consiste na cultura de células numa placa de 96 poços, na adição do produto químico TXT e na cultura durante um período de duas a vinte e quatro horas. Durante o período de cultura, a cor laranja e a intensidade da cor podem diferir com um espetrofotómetro (Scudiero *et al;* 1988).

Méritos: O ensaio TXT é uma técnica rápida, profunda, sem stress e inofensiva. É de grande profundidade e precisão.

Desvantagens: A capacidade do ensaio TXT está sujeita à diminuição das medições de células viáveis com a ação da desidrogenase mitocondrial. Assim, as variações nas medições decrescentes de células viáveis subsequentes ao controlo enzimático, ao pH, à concentração de iões celulares (por exemplo, sódio, cálcio, potássio), à diferença de ciclo celular ou a outras influências ecológicas podem afetar a análise final da absorvância (Scudiero *et al;* 1988.

2.12 Ensaio WST-1

O ensaio de multiplicação celular WST-1 (sal monossódico de 2-(4-iodofenil)-3-(4-nitrofenil)-5-(2, 4-dissulfofenil)-2H tetrazólio) pode ser um ensaio colorimétrico modesto destinado a avaliar as taxas de produção comparativa de células em cultura. O padrão deste ensaio baseia-se na transformação do sal de tetrazólio WST-1 num formazan extremamente solúvel em água pelas enzimas desidrogenase mitocondriais, na presença de um aceitador de electrões intermediário como o mPMS (1-metoxi-5-metil-fenazinium metil sulfato) (Ishiyama *et al;* 1993). O sal solúvel em água é libertado na matéria celular. Dentro do tempo de cultivo necessário, a resposta produz uma conversão de cor que é equivalente ao número de desidrogenase mitocondrial na cultura de células e, por conseguinte, o ensaio analisa a ação metabólica das células. Para efetuar o ensaio, o reagente WST-1 preparado para ser utilizado é adicionado diretamente ao meio das células cultivadas em placas com vários poços. Nesse momento, as culturas são especificadas entre trinta minutos e quatro horas para reduzir a substância química no sistema corante. A placa é medida instantaneamente a 450 nm com uma medição comparada a 630 nm.

Mérito: É isento de stress, inofensivo, tem grande repetibilidade e está amplamente habituado a avaliar tanto a viabilidade celular como as experiências de citotoxicidade. Para além disso, os indicadores de vermelho de fenol nos materiais celulares não inibem a resposta do corante. Por último, uma vez que o corante colorido formado no topo da investigação é solúvel em água, não necessita de solvente nem de um período de cultivo adicional. **Desvantagens:** O período de cultivo de qualidade do WST-1 é de duas horas. Se a adição única de WST-1 poderia reproduzir o resultado da média de análise no período diverso sobre a tendência de viabilidade celular comparativa que permanece incerta.

2.13 Ensaio WST-8

O ensaio WST-8 pode ser um ensaio colorimétrico para a análise de estatísticas de células viáveis e pode ser utilizado em ensaios de propagação celular, para além de ensaios de citotoxicidade. O WST-8 (2-(2-metoxi-4-nitrofenil)-3-(4-nitrofenil)-5-(2, 4-dissulfofenil)-2H tetrazólio, sal monossódico), um WST extremamente estável e solúvel em água, é utilizado no Cell Counting Kit-8 (CCK-8). É adicionalmente mais profundo do que o WST-1, principalmente a pH neutro. Devido ao mediador de electrões, o 1metoxi PMS deste kit é extremamente estável, e o CCK-8 mantém-se estável durante um mínimo de seis meses a uma temperatura de 0-5º C e durante um ano. Subsequentemente, o WST-8, o WST-8 formazan e o 1-metoxi PMS não têm qualquer citotoxicidade nas células dos meios de cultura; as células idênticas do ensaio anterior podem ser utilizadas para diferentes experiências.

Méritos: O WST-8 não é permeável às células, o que resulta num efeito de citotoxicidade muito reduzido. Por conseguinte, é provável que se realizem experiências adicionais utilizando células idênticas após o ensaio. Além disso, produz o formazan solúvel em água assim que as células são reduzidas, o que pode oferecer um mérito adicional à estratégia, permitindo uma técnica de ensaio mais simples e não exigindo uma fase adicional para liquefazer o formazan (Tominaga *et al;* 1999).

Desvantagens: Uma preocupação crítica é a diminuição dos substratos de ensaio afectados por variações nas acções metabólicas intracelulares que não têm influência real na viabilidade geral das células (Strober, 2001).

2.14 Ensaio de LDH (lactato desidrogenase)

O ensaio de citotoxicidade da LDH (lactato desidrogenase) pode ser uma técnica colorimétrica de análise da citotoxicidade celular. O kit de ensaio de citotoxicidade LDH é utilizado com diversos tipos de células, não só para analisar a citotoxicidade mediada por células, mas também para medir a citotoxicidade mediada por produtos químicos letais e compostos experimentais adicionais. O ensaio analisa quantitativamente a enzima lactato desidrogenase (LDH) citosólica estável. Esta enzima é emitida pelas células afectadas. A LDH é uma enzima que se encontra no citoplasma da célula. Uma vez diminuída a viabilidade celular, a fuga das paredes celulares aumenta, pelo que a enzima LDH é emitida para a substância celular. A LDH emitida, com uma resposta enzimática acoplada, acaba por transformar um sal de tetrazólio (iodonitrotetrazólio (INT)) num formazan de cor vermelha pela diaforase. No início, a LDH catalisa a transformação do lactato em piruvato e, por conseguinte, do NAD em NADH/H+. Numa fase posterior, o catalisador (diaforase) transfere H/H+ do NADH/H+ para o sal de tetrazólio cloreto de 2-(4-iodofenil)-3-(4nitrofenil)-5-feniltetrazólio (INT), que se transforma em formazan vermelho (Decker e Lohmann - Matthes, 1988, Lappalanien *et al;* 1994). A ação da LDH como oxidação do NADH ou INT diminui ao longo de uma medida fundamental delineada. O formazan vermelho subsequente absorve de forma excelente a 492 nm e pode ser analisado quanto à quantidade da substância a 490 nm. O detergente Triton X-100 é frequentemente utilizado como um padrão aniónico no ensaio da LDH para observar a emissão máxima de LDH das células. Além disso, as partículas membranolíticas proeminentes, como a sílica cristalina, podem ser utilizadas como padrão aniónico no ensaio da LDH (Schins *et al;* 2002).

Méritos: A fiabilidade, a rapidez e a simplicidade da avaliação são algumas das caraterísticas deste ensaio. Uma vez que a perda de LDH intracelular e a sua emissão para o meio; é um sinal de morte permanente graças à deterioração da membrana semipermeável (Decker e Lohmann - Matthes, 1988, Fotakis e Timbrell, 2006).

Desvantagens: A limitação crítica deste ensaio é que o soro e alguns outros compostos têm uma ação caraterística da LDH. Por exemplo, o soro fetal de vitelo tem uma análise de fundo extremamente elevada. Assim, este ensaio está limitado a ambientes sem soro ou com baixo teor de soro, o que limita o tempo de cultura do ensaio (sujeito à capacidade das células de absorverem pouco soro) e diminui a possibilidade do ensaio, uma vez que não permite a medição da necrobiose iniciada em resultado de circunstâncias naturais de crescimento (ou seja, em 10% de soro fetal de vitelo). Por conseguinte, pelo menos, deve sempre experimentar-se inicialmente o ensaio com uma nova alíquota do meio que se propõe utilizar e equacionar a análise a partir de meios que exijam melhorias (por exemplo, DMEM puro) (Kumarasuriyar, 2007).

2.15 Ensaio SRB (Sulforhodamina B)

O ensaio SRB (Sulforhodamine B) pode ser uma técnica colorimétrica rápida e profunda para determinar a citotoxicidade induzida pela terapêutica em culturas de células fixas ou em suspensão.

Tal como definido inicialmente por Skehan e colaboradores, este ensaio insere-se no programa de deteção de medicamentos anticancerígenos extensivo e orientado para a doença do National Cancer Institute (NCI), que foi lançado em 1985. O SRB pode ser um corante aminoxanteno rosa brilhante com dois grupos sulfónicos. Em ambientes ligeiramente ácidos, o SRB liga-se a resíduos de ácido aminoalcanóico primário de proteínas em células fixadas em TCA (ácido tricloroacético) para fornecer um guia profundo de proteínas celulares.

Além disso, o ensaio SRB avalia o desenvolvimento e a eliminação de colónias (Skehan *et al;* 1990). **Méritos:** O ensaio SRB é fácil, rápido e profundo. Proporciona um processo mais simples com a quantidade de células, permitindo a utilização de aplicações de corantes de inundação, é menos sensível à variabilidade ecológica, não tem metabolismo intermediário e proporciona um ponto final definido que não necessita de uma quantificação profunda da velocidade da primeira resposta (Skehan *et al;* 1990). A repetibilidade deste ensaio é óptima. **Desvantagens:** É essencial obter e manter uma suspensão de células idêntica. Os aglomerados/agregados celulares têm de ser evitados para se obterem excelentes resultados no ensaio.

2.16 Ensaio NRU (neutral red uptake)

O ensaio de absorção de vermelho neutro (NRU) é um dos ensaios colorimétricos de citotoxicidade e viabilidade celular mais utilizados. Este ensaio foi criado por Borenfreund e Puerner (Borenfreund e Puerner, 1984). Este ensaio tem apoiado a flexibilidade das células viáveis para absorverem o corante supravital vermelho neutro. Este corante fracamente positivo entra nas membranas celulares por dispersão inerte não iónica e permanece nos lisossomas. O corante é então removido das células viáveis através de uma solução de etanol acidificado e, por conseguinte, a absorvância do corante é lida através de um espetrofotómetro. A absorção do vermelho neutro depende da capacidade das células para manterem as inclinações do pH com a formação de ATP. A um pH fisiológico, a carga total do corante é zero. Esta carga permite que o corante entre nas membranas celulares. Um gradiente de protões mantém um pH abaixo do citoplasma no interior dos lisossomas. Assim, o corante desenvolve cargas e dentro dos lisossomas. Quando a célula morre ou a inclinação do pH diminui, o corante não pode ser reservado. Além disso, a absorção do vermelho neutro pelas células viáveis altera o exterior das células ou as membranas dos lisossomas. Por conseguinte, é provável que se diferencie entre células viáveis, deficientes ou mortas (Borenfreund e Puerner, 1984). A absorção lisossómica do corante vermelho neutro pode ser um excelente sinal de viabilidade celular. O ensaio pode quantificar a viabilidade celular e avaliar a duplicação celular, os efeitos citostáticos ou os efeitos citotóxicos na densidade da célula (Repetto *et al;* 2008). A absorvância é lida a 540 nm num espetrofotómetro de leitura de placas de poços múltiplos. **Méritos:** O ensaio NRU poderia ser um melhor marcador da deficiência lisossómica. Do mesmo modo, a rapidez e a facilidade de avaliação são alguns dos méritos deste ensaio. **Desvantagens:** É sabido que o ensaio NRU é ligeiramente ou não no mais pequeno cheio de influências habituais, como a temperatura e a salinidade, mas por contaminantes (Ringwood *et al*; 1998).

2.17 Ensaio CVS (ensaio de violeta de cristal)

As células de suporte separam-se das placas de cultura celular por necrobiose. Este parâmetro é frequentemente utilizado para a avaliação indireta da morte celular e para analisar alterações na taxa de propagação após indução com substâncias citotóxicas. Uma técnica simples para identificar células de suporte sustentadas é o ensaio de violeta de cristal. Durante este ensaio, o corante violeta de cristal liga-se às proteínas e ao ADN das células viáveis, ligando assim as células a este corante. As células perdem o seu suporte através de necrobiose e são depois perdidas do grupo de células, diminuindo o número de descoloração anti-helmíntica através de uma cultura. O ensaio de substâncias antimicóticas pode ser uma técnica de análise rápida e fiável, adequada para investigar o efeito de substâncias terapêuticas ou de compostos adicionados sobre a existência de células e os obstáculos ao crescimento.

Méritos: A coloração bactericida pode ser um ensaio rápido e polivalente para determinar a viabilidade celular em diferentes contextos de indução (Geserich *et al*; 2009). No entanto, é um ensaio que utiliza respostas proliferativas que coincidem com reacções de necrobiose. Consequentemente, os impedimentos químicos das caspases e da necroptose no ensaio (Degterev *et al;* 2008, Sun *et al;* 2012). Por outro lado, as investigações moleculares (por exemplo, estimativas ou reduções mais elevadas) são executadas para responder com maior precisão às questões da morte celular (Feoktistova *et al;* 2011).

Desvantagens: O ensaio de substâncias antimicóticas não é versátil às variações da ação metabólica celular. Por conseguinte, este ensaio não é adequado para investigações que envolvam substâncias afectadas pelo metabolismo celular. Além disso, embora o ensaio helmíntico seja adequado para investigar o efeito de substâncias terapêuticas ou de compostos adicionados sobre a existência de células e o impedimento do crescimento, não é capaz de avaliar a taxa de propagação de células vivas (Feoktistova *et al*; 2011).

2.18 Ensaios fluorométricos

Os ensaios fluorométricos da viabilidade celular e da citotoxicidade são simples de realizar com o emprego de um microscópio de fluorescência, fluorómetro, leitor de microplacas de fluorescência ou citómetro de fluxo, e apresentam numerosas vantagens em relação aos ensaios colorimétricos habituais de exclusão de corantes. Os ensaios fluorométricos são igualmente adequados para células em suspensão ou em suporte e são simples de utilizar. Estes ensaios são mais versáteis do que os ensaios colorimétricos (Page *et al;* 1993, O' Brien *et al;* 2000, Riss *et al;* 2013). Estão disponíveis kits comercializáveis de ensaios fluorométricos em várias empresas e, habitualmente, as técnicas de investigação desses ensaios estão disponíveis em pacotes de kits.

2.19 Ensaio Alamar-Blue (AB)

O ensaio Alamar-Blue é também designado por ensaio de redução da resazurina. O ensaio Alamar-Blue baseia-se na alteração do corante azul não fluorescente resazurina, que é transformado em resorufina rosa fluorescente por enzimas mitocondriais e outras enzimas como a diaforase (O' Brien *et al;* 2000). A resazurina pode ser um corante de fenoxazina-3-ona e um sinal de redução-oxidação permeável às células, que permite detetar quantidades de células viáveis com procedimentos idênticos aos dos compostos de tetrazólio (Ahmed *et al;* 1994). Reconhece-se que funciona como um aceitador de electrões intermediário na cadeia de transporte de electrões entre a perda final de iões de oxigénio e a citocromo oxidase, substituindo o oxigénio molecular como aceitador de electrões (Page *et al;* 1993). Trata-se de uma substância inofensiva e permeável às células. A cor desta substância é azul e não é fluorescente. Posteriormente, quando aplicada às células, a resazurina transforma-se em resorufina. A resorufina é vermelha e uma substância extremamente fluorescente. As células viáveis transformam constantemente a resazurina em resofurina, acumulando a fluorescência geral e a cor da substância celular. O número de resofurinas formadas é o número de células viáveis. A proporção de células viáveis será medida utilizando um fluorómetro de leitura de microplacas equipado com um filtro fixo de excitação de 560 nm por emissão de 590 nm. A alteração da absorvância pode mesmo medir a resofurina, mas a identificação da absorvância é menos versátil do que a avaliação da fluorescência. O tempo de cultura necessário para obter um indicador fluorescente suficiente para além do fundo é, por vezes, um intervalo de uma a quatro horas, dependendo da ação metabólica das células, do volume de células por poço e de circunstâncias adicionais como a natureza do meio de cultura (Riss *et al*; 2013).

Vantagens: O ensaio AlamarBlue (ião redutor resazurina) é comparativamente barato e mais versátil do que os ensaios de tetrazólio. Do mesmo modo, combina com outras técnicas, como a determinação da ação da caspase, para recolher dados adicionais sobre o processo de citotoxicidade.

Desvantagens: É provável que as substâncias experimentais causem a intrusão fluorescente e que os impactos letais diretos nas células sejam frequentemente ignorados (Riss *et al;* 2013).

2.20 Ensaio CFDA-AM

O CFDA-AM (diacetato de 5-carboxifluoresceína, éster acetoximetil) é um corante fluorogénico alternativo utilizado para a medição da citotoxicidade. É um sinal de fiabilidade da membrana semipermeável. O corante CFDA-AM pode ser um substrato de esterase inofensivo que pode ser alterado por esterases básicas de células viáveis, podendo também passar de um composto permeável à membrana, não polar e não fluorescente para um corante polar, a carboxifluoresceína (CF). A transformação de CFDA-AM em CF pelas células aponta para a fiabilidade da membrana celular, uma vez que apenas uma membrana completa poderia sustentar o ambiente citoplasmático necessário.

Méritos: Os ensaios CFDA-AM e alamarBlue revelaram-se relevantes em equivalência nas células fixadas idênticas, entretanto ambos são inofensivos para as células, necessitam de períodos de cultivo iguais e podem detetar em diversos comprimentos de onda sem intromissão (Ganassi *et al;* 2000, Scheer *et al;* 2005, Bopp *et al*; 2006).

Desvantagens: É possível a intromissão fluorescente de substâncias experimentais.

2.21 Ensaio de marcador de viabilidade de protease (ensaio GF-AFC)

A avaliação da ação enzimática de proteases constitutivas e preservadas das células viáveis é um sinal autêntico da viabilidade celular. Um substrato de protease fluorogénico permeável às células (glicilfenilalanilaminofluorocumarina; GF-AFC) foi recentemente estabelecido para identificar a ação da protease que é limitada às células viáveis (Niles *et al;* 2009). O substrato GF-AFC entrará nas células viáveis. Nestas células, a ação da aminopeptidase citoplasmática elimina os aminoácidos gly e phe para libertar aminofluorocumarina (AFC) e produzir um indicador fluorescente comparativo do número de células viáveis (Riss *et al;* 2013). Após a morte das células, esta ação da protease desaparece rapidamente. Consequentemente, esta ação da protease poderia ser um marcador cuidadoso da população de células viáveis. O sinal produzido a partir deste método de ensaio conecta-se bem com outras técnicas convencionais de medição da viabilidade celular, como um ensaio de ATP (Riss *et al;* 2013).

Méritos: É comparativamente inofensivo para as células em cultura. Da mesma forma, em vez de expor as células ao tetrazólio, a exposição contínua das células ao substrato GF-AFC afecta a modificação da viabilidade das células. Este ensaio é adequado para ser substituído por outros ensaios, uma vez que a população celular não perde a sua viabilidade no início do ensaio e pode ser utilizada em ensaios sucessivos. Do mesmo modo, o período de cultura é muito mais curto (trinta minutos a uma hora) do que as uma a quatro horas necessárias para os ensaios de tetrazólio (Riss *et al;* 2013).

Desvantagens: É possível a intromissão fluorescente de substâncias experimentais.

2.22 Ensaios luminométricos

Os ensaios luminométricos oferecem uma medição rápida e direta da propagação celular e da citotoxicidade em células de mamíferos. Estes ensaios podem ser efectuados durante a conceção de uma placa de microtitulação de 96 ou 384 poços adequada e identificados por um leitor de microplacas luminométrico (Riss *et al*; 2013, Duellman *et al;* 2015, Mueller *et al;* 2004). Uma caraterística motivadora dos ensaios luminométricos é o sinal de luz contínuo e estável formado assim que o produto químico é adicionado. Esta qualidade fornece valores de viabilidade e citotoxicidade a partir de um poço idêntico (Niles *et al*; 2009). Estão disponíveis kits comercializáveis de ensaios luminométricos em várias empresas e, normalmente, os protocolos de investigação desses ensaios estão disponíveis em pacotes de kits.

2.23 Ensaio de ATP

O ATP (adenosina tri-fosfato) caracteriza o reservatório primário de energia nas células e para os processos biológicos de produção, indicação, transporte e translocação. Consequentemente, o ATP celular é um dos resultados mais versáteis na determinação da viabilidade celular (Maehara *et al;* 1987). Uma vez que as células são gravemente afectadas e desprovidas de fiabilidade da membrana, são também desprovidas do poder de produzir ATP e, do mesmo modo, a medida de ATP das células reduz-se vividamente (Riss *et al;* 2013, Garcia e Massieu, 2003). O princípio do ensaio de ATP depende da reação de transformação da luciferina em oxiluciferina. A enzima luciferase converte a luciferina em oxiluciferina nesta reação na presença de iões de magnésio e ATP, produzindo uma indicação luminescente. Assim, parece existir uma relação direta entre a intensidade da indicação luminescente e a concentração de ATP (Mueller *et al;* 2004) ou a quantidade de células (Andreotti *et al;* 1995). A interação do ensaio de ATP pode identificar menos de dez células por poço, pelo que tem sido amplamente utilizada na conceção de 1536 poços.

Méritos: O ensaio de ATP é o ensaio de viabilidade celular mais rapidamente conhecido, o mais versátil e o que apresenta menor risco de envolvimento de objectos do que outros ensaios de viabilidade semelhantes. A indicação luminescente atinge um estado estável equilibrado no intervalo de dez minutos quando o produto químico necessário é adicionado. Além disso, elimina uma fase de cultivo para transformar o substrato em substâncias coloridas. Também exclui uma fase de regulação da placa (Riss *et al;* 2013). **Desvantagens:** A versatilidade do ensaio de ATP é reduzida pela repetibilidade da medição de amostras duplicadas em vez dos resultados da interação do ensaio (Riss *et al;* 2013).

2.24 Ensaio de viabilidade em tempo real

Ultimamente, tem surgido uma nova técnica para determinar o número de estatísticas de células viáveis em tempo real (Duellman *et al;* 2015). Agora, esta técnica descreve uma luciferase inventada a partir de um camarão aquático e um pró-substrato de molécula menor baixa é acostumado através deste ensaio. O pró-substrato e a luciferase são imediatamente misturados com a matéria celular como um produto químico. O pró-substrato não é um substrato da luciferase. A decomposição dinâmica das células viáveis transforma o pró-substrato num substrato, o que é possível graças à enzima luciferase, e produz uma indicação luminescente. Este ensaio pode ser efectuado de duas formas: leitura contínua e medição do ponto final. No método de leitura contínua, a indicação luminescente pode ser constantemente registada a partir dos poços de amostra durante um período de tempo prolongado para determinar o número de células em "tempo real" (Riss *et al;* 2013, Duellman *et al;* 2015).

Méritos: Este ensaio é um único ensaio conhecido que permite a avaliação da viabilidade celular e da citotoxicidade em tempo real. A forma rápida como a indicação luminescente diminui quando as células estão mortas permite combinar este ensaio com outros ensaios luminescentes que incluam uma fase de lise que destrua as células. Além disso, o declínio da luminescência após a necrobiose é significativo para eliminar a intromissão de ensaios luminescentes posteriores (Riss *et al;* 2013, Duellman *et al;* 2015).

Desvantagens: A limitação do ensaio em tempo real resulta da redução final do pró-substrato pela degradação das células activas. Em grande medida, a indicação luminescente produzida está associada ao número de células activas degradadas. Por outro lado, o intervalo de tempo necessário para que a indicação luminescente seja igual ao número de células dependerá do número de células por poço e da ação de degradação. Consequentemente, o período de cultivo máximo para manter a igualdade deve ser para cada tipo de célula e a densidade medida (Riss *et al;* 2013, Duellman *et al;* 2015). O ensaio de exclusão do corante azul de Tripan é utilizado para determinar o número de células viáveis presentes numa suspensão celular. Baseia-se no princípio de que as células vivas têm membranas celulares intactas que excluem alguns corantes, como o azul de tripano, a eosina ou o iodeto de propídio (PI), enquanto as células mortas não o fazem. A suspensão de células com o corante é então observada visualmente para determinar se células como a levedura absorvem ou excluem o corante. A célula viável terá um citoplasma transparente, enquanto a célula não viável será azul. A avaliação da viabilidade celular oferece a possibilidade de um sinal atempado do padrão das células recentes antes da congelação. Viabilidades superiores ou até 95% são excelentes.

2.25   O que são as leveduras?

A levedura é um organismo unicelular chamado fungo. A organização exacta emprega as fisionomias da célula, um esporo formado, bem como um grupo de organismos discretos; as fisionomias são igualmente classificadas como espécies. Além disso, as fisionomias mais reconhecidas têm a capacidade de fermentar açúcares para produzir etanol. As leveduras que brotam são consideradas como verdadeiros fungos do filo *Ascomycetes* da classe *Hemiascomycetes*. As verdadeiras leveduras reconhecíveis estão divididas numa ordem central designada por *Saccharomycetales.*

As leveduras são consideradas através de uma extensa distribuição nos ambientes e circunstâncias não-humanos que fazem todas as coisas vivas e não-vivas que estão presentes no universo. As leveduras encontram-se muitas vezes nas folhas das plantas, nas flores, no solo, bem como na água salgada. Além disso, as leveduras podem igualmente estar localizadas no exterior da pele e no interior do trato intestinal de espécies animais que podem suportar uma temperatura corporal superior à do seu meio ambiente, de modo a poderem coexistir em contacto estreito entre duas ou mais espécies diversas, bem como numa associação entre espécies, com uma a beneficiar em detrimento da outra. Além disso, a única infeção causada por leveduras chama-se candidíase, que se inicia através de um fungo semelhante a uma levedura, designado por *Candida albicans*. Para além disso, a Candida *albicans* causa infecções vaginais por leveduras, a Candida é também uma razão para a dermatite e para a candidíase oral, em que *a Candida albicans* se armazena na boca o suficiente para provocar sintomas.

Além disso, as leveduras crescem como células individuais que se dividem por brotamento (por exemplo, *Saccharomyces*) ou divisão direta (divisão em partes, por exemplo, *Schizosaccharomyces),* ou podem propagar-se como modestos fios assimétricos (micélio). Na reprodução sexual, o número de leveduras forma ascos, que incorporam oito esporos haplóides formados nos ascósporos. Estes esporos formados no ascósporo podem misturar-se com núcleos tocantes e proliferar por divisão assexuada ou, como as leveduras específicas, misturar-se com outros ascósporos.

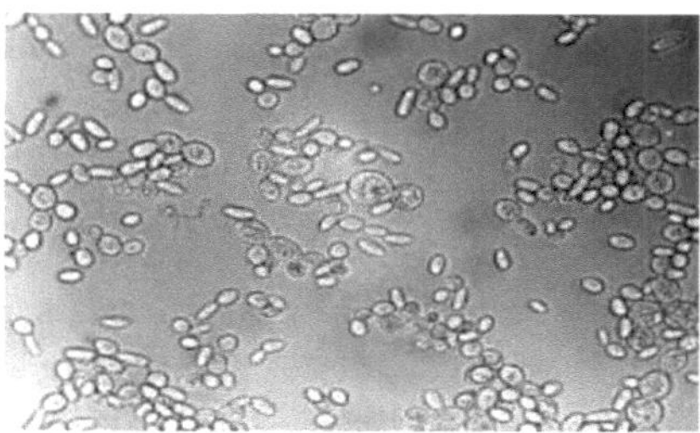

Figura 2.1: Linha celular de levedura *(Saccharomyces cerevisiae)*

A enorme influência da genética da levedura deve-se, em parte, à capacidade de expressar rapidamente os locais comparativos das propriedades físicas visíveis de uma entidade que divide os cromossomas em fragmentos menores que podem ser proliferados como parte do genoma *da S. cerevisiae*. Para além disso, nos últimos vinte anos, *S. cerevisiae* tem sido o organismo ideal para a maior parte das investigações de genética molecular, uma vez que o método fundamental de cópia da molécula de ADN de cadeia dupla para formar duas moléculas de ADN duplicadas, a fragmentação e recombinação de fragmentos de ADN para formar novas misturas de alelos, os procedimentos essenciais para a existência de uma entidade, bem como as suas capacidades de se relacionar com o meio envolvente, e as respostas bioquímicas nas células físicas que convertem os alimentos em energia são, na sua maioria, bem mantidos entre as leveduras e os eucariotas superiores, bem como entre os mamíferos.

As leveduras bem conhecidas, bem como rentáveis e importantes, são a variante genética associada à levedura *Saccharomyces cerevisiae*. Há muito tempo que estes organismos são utilizados para fermentar os açúcares do arroz, do trigo, da cevada e do milho para produzir bebidas de origem etanólica, bem como na panificação para aumentar ou ampliar a massa. *A Saccharomyces cerevisiae* é geralmente utilizada como levedura de padeiro e para alguns tipos de fermentação. Além disso, a levedura é frequentemente recomendada como complemento vitamínico, uma vez que tem cinquenta por cento de proteínas e pode ser rica em vitaminas B, como a niacina, bem como em vitaminas do complexo B.

2.25 História da levedura e da levedura na história

Vários antropólogos consideram que os humanos atingiram a sofisticação agrícola e de cultivo de trigo em 10.000 anos antes da existência de Cristo (A.C.E.). No rico meio hemisférico da Suméria, o Iraque contemporâneo. A produção de bebidas alcoólicas começou numa região semelhante, há cerca de seis mil anos, ou seja, antes da existência física de Abraão. A fermentação de grãos triturados foi talvez bem pensada como material sobrenatural de um recipiente devidamente cuidado. Hoje em dia, as pessoas têm-se deslocado com esses recipientes.

Posteriormente, o cultivo de leveduras tem estado sempre meticulosamente relacionado com a cultura humana. Foi o trabalho de um químico de renome, bem como do microbiologista Louis Pasteur, que uma colónia purificada era levedura. Além disso, a levedura de padeiro (*Saccharomyces cerevisiae*) foi obtida a partir de bebidas alcoólicas europeias através de purificação. *A Schizosaccharomyces pombe* foi descoberta de forma semelhante a partir da purificação de bebidas alcoólicas de painço africano.

2.26 Levedura em relação à árvore da vida

O sistema de classificação dos seres vivos em cinco reinos (plantas, animais, fungos, protistas e monera) foi desenvolvido antes da existência das macromoléculas, bem como dos seus contrastes entre si. As plantas, os animais e os fungos estão completa e meticulosamente ligados à eucariota.

2.4.2.2   A levedura pode ser um eucariota modelo

A levedura de padeiro (Saccharomyces cerevisiae) é o microrganismo eucariótico perfeito para investigações bioquímicas. A "enorme influência da genética da levedura" desenvolveu-se num organismo famoso e é o desejo dos investigadores que trabalham com eucariotas avançados. A excelente sequenciação do seu genoma demonstrou ser excecionalmente valiosa como uma alusão na direção da sequenciação do fator genético humano, bem como de eucariotas avançados semelhantes. Além disso, o benefício da operação genética da levedura permite que ela seja utilizada para avaliar adequadamente, bem como o papel de separar o componente fundamental da herança que habita um local preciso num produto cromossómico de eucariotas semelhantes.

2.28 Fase de crescimento da levedura

Uma vez que a levedura é brotada através de um substrato líquido no qual as células explantadas podem ser novamente brotadas, a cultura de microrganismos é programada num método seguro ou numa cultura em lote na qual nenhum alimento é adicionado e nenhum resíduo é removido; a levedura brotará numa forma expetável, produzindo uma curva de brotamento que consiste em cinco fases separadas de brotamento: a fase de atraso (inicial), a fase de crescimento exponencial (log), a fase de desaceleração (declínio), a fase estacionária (paragem), bem como a fase de morte. (As bactérias também adoptam uma forma geral semelhante, embora se dividam muito mais rapidamente). Cultivo através da adição de uma substância definida a uma substância diferente com uma pequena quantidade de células. A fase inicial (lag) também adopta a adição de uma substância definida a uma substância diferente, através da qual as células se desenvolvem para se familiarizarem com o ambiente fresco e começam a especificar a temperatura e a concentração do substrato em que as células são explantadas através dos seus procedimentos bioquímicos específicos que ocorrem dentro de uma entidade biológica de modo a sustentar a vida. A fase lag (inicial) é acompanhada por uma fase exponencial (log) quando a quantidade de células prolifera rapidamente (fase exponencial ou log). Para além disso, a fase logarítmica da levedura pode ser definida através da equação matemática: $N = N0\ e^{kt}$

Onde N denota a quantidade de células em qualquer momento (t), bem como N0 denota a quantidade de células no início do intervalo. Os peritos descobrem frequentemente que é mais adequado considerar a expansão constante k em expressões do tempo de expansão da cultura. Durante esta interpretação,

$k = \ln2/T$ (T = o tempo de expansão da cultura). A taxa de expansão da levedura difere consoante a temperatura. A levedura expande-se bem à temperatura ambiente normal, mas expande-se mais rapidamente a 30º C. Além disso, as culturas que se expandem num ambiente muito arejado, expandem-se muito mais rapidamente do que as que se expandem em condições diferentes; por conseguinte, as culturas líquidas são normalmente expandidas num controlo rotativo. Além disso, a 30º C, o gene da levedura que prevalece numa população normal de estirpes de levedura tem um tempo de expansão de cerca de noventa minutos em meios de peptonedextrose de levedura (YPDM).

Subsequentemente, dependendo da quantidade de tempos de expansão, as células começam a reduzir os nutrientes da glucose no cultivo, a sua taxa de expansão desacelera, (fase de desaceleração ou declínio) à medida que as células entram na fase estacionária (paragem). As leveduras que entram na fase estacionária (paragem) regulam as suas reacções bioquímicas nas células físicas que convertem os alimentos em energia, alterando os dados no componente do ADN que é duplicado numa nova molécula de ARNm de muitos genes, resultando em diversas variações físicas e químicas, juntamente com a acumulação de hidratos de carbono e, por conseguinte, a associação de uma membrana plasmática de elevada resistência. Na fase estacionária (paragem), a velocidade de divisão celular é análoga à velocidade da morte. Por isso, o número total de células não varia substancialmente. As células podem viver na fase estacionária (paragem) durante um período prolongado, recomeçando a expansão quando as situações são auspiciosas. Finalmente, as células entram na fase de morte quando as situações permanecem inalteradas.

Nos últimos anos, a utilização de animais para investigações bioquímicas está a ser alvo de resistência - uma situação de quase proibição (Sunstein, 2002). A cultura de linhas celulares é a abordagem atual a nível mundial; mas o custo destas células tem sido um problema, daí a necessidade de adquirir a capacidade de suspender células de levedura para utilização como linhas celulares.

O único objetivo deste artigo foi apresentar a versatilidade das células de levedura e a forma como se tornaram recentemente o interesse dos investigadores para várias investigações bioquímicas, com destaque para a determinação da sua viabilidade antes de proceder a qualquer forma de ensaio.

PARTE 1
CAPÍTULO 3

3.0 MATERIAIS E MÉTODOS

Abelmoschus esculentus L. (semente de quiabo), *Musa paradisiaca* (fruto de plátano não maduro) e *Dioscorea dumetorum* (tubérculos de inhame amargo) foram obtidos de uma fonte comercial nos Estados de Benue e Nasarawa da Nigéria; as plantas foram descascadas, lavadas, cortadas em pequenos pedaços e secas ao ar a 37° C durante três dias para reduzir o teor de humidade. Os materiais vegetais secos ao ar foram pulverizados, extraídos com metanol a 80%, sonicados, filtrados, concentrados, liofilizados e divididos de acordo com a polaridade do solvente (n-hexano < clorofórmio < acetato de etilo < água destilada) utilizando um funil de separação.

Uma linha celular de levedura secretora de insulina responsiva à glicose (Saccharomyces cerevisiae) estabeleceu a captação de glicose que retém a secreção de insulina induzida por glicose no que diz respeito à expressão de formas iso de transportadores de glicose. Foram utilizadas células a um nível de $0{\cdot}2 \times 10^4$ células por tubo.

3.1 Ensaio de viabilidade celular utilizando o método de exclusão do corante azul de Tripan

Foi utilizado o método de ensaio de exclusão do corante azul de tripano do Instituto Nacional de Ciências da Saúde Ambiental (NIH). Foram adicionados 50 µL de suspensão de células em criotubo e partes iguais de corante azul de tripan 0,4% à suspensão de células para obter uma diluição de 1 para 2 (ou seja, 50 µL de células para 50 µL de azul de tripano) e a mistura foi misturada por pipetagem para cima e para baixo durante dois minutos a 37° C. A contagem das células foi efectuada no espaço de cinco minutos para evitar a imprecisão da viabilidade celular em resultado da necrobiose. Em seguida, com a ajuda de uma lamela, ambos os lados de uma câmara de contagem do hemocitómetro foram preenchidos com 20µL de suspensão celular, colocando a ponta da pipeta no entalhe. O hemocitómetro foi colocado em dois pequenos paus de madeira em cima de um papel de filtro humedecido numa placa de cultura durante dois minutos; isto foi feito para permitir que a suspensão de células carregada assentasse adequadamente antes de a montar no palco de um microscópio de luz e foi focada nas linhas de grelha do hemocitómetro com uma lente objetiva x10. Ambos os lados do hemocitómetro contêm vários quadrados; o hemocitómetro contém nove (9) quadrados grandes. Cada um dos quadrados contém 10^4 ml de suspensão de células. Cada um dos quadrados grandes contém dezasseis (16) quadrados pequenos. Para efeitos de contagem, apenas os quatro quadrados grandes nos cantos e no centro (canto superior esquerdo, canto superior direito, canto inferior esquerdo, canto inferior direito e centro durante a contagem; as células à direita e no limite inferior foram ignoradas). Tanto as células claras como as azuis (células vivas e mortas) em cada quadrado grande nos quatro cantos e no centro do hemocitómetro) foram contadas utilizando um contador manual; um para contar as células claras (células vivas) e o outro para contar as células azuis (células mortas).

O registo do número de células claras e azuis, bem como o número total de células, foram mantidos separadamente. Foram calculados os seguintes parâmetros celulares:

1. Percentagem de células viáveis = Número de células viáveis dividido pelo número total de células, multiplicado por 100
2. Número médio de células por quadrado = Número de células viáveis dividido pelo número de quadrados contados.
3. O fator de diluição = Volume final dividido pelo volume de células.
4. Concentração de células viáveis por ml = Número médio de células por quadrado multiplicado pelo fator de diluição e multiplicado novamente pelo número de células em suspensão por quadrado.

3.2 Contagem direta de células de levedura a OD600

A medição das células de levedura em OD600 foi efectuada com a ajuda de um espetrofotómetro. O método foi facilmente efectuado na estufa de cultura de células. A célula de levedura foi medida a 600nm (Mira *et al;* 2022, Beal *et al;* 2020, Haase *et al;* 2017, Mira *et al;* 2022, Domanska *et al;* 2019).

3.3 Calibração inicial

A contagem de células de levedura foi feita primeiro com um hemocitómetro para determinar o número de células de levedura (como uma correlação entre a OD600).

3.4   Cultivo da levedura: 1g de levedura foi suspenso em 250mL de meio "Yeast Extract- Peptone-Dextrose" (YPD) e incubado a 37°C durante a noite num frasco Erlenmeyer. Foram efectuadas diluições em série da solução-mãe para cada medição e calibração.

A amostra presa na cavidade da cuvete foi retirada tocando num papel limpo. Foram efectuadas três medições em cada diluição em série das células de levedura e a calibração foi utilizada para traçar a OD600 e correlacionar o resultado com a contagem do hemocitómetro. As células no meio YPD e a calibração concluíram a primeira fase. Na segunda fase, as células de levedura foram centrifugadas e lavadas com tampão fosfato salino (PBS) e ressuspensas em PBS, e a calibração foi repetida com PBS. Na terceira fase, duas fracções selecionadas dos extractos vegetais particionados com o

A melhor absorção de glucose foi medida juntamente com o meio YPD e as células de levedura e a calibração foi efectuada com água destilada.

3.5   Análise estatística

Os dados foram recolhidos com recurso a uma análise de variância (ANOVA) unidirecional e bidirecional, bem como ao teste T independente e à análise do teste T emparelhado. Os grupos foram considerados significativos se $P < 0 \cdot 05$ e, um valor F foi significativo para ANOVA; as diferenças entre todos os pares foram realizadas usando o teste Ducan Post Hoc; SPSS versão 26 e Microsoft excel windows 10 foram usados para análise estatística e geração de figuras de dados.

PARTE 1
CAPÍTULO 4

4.0 RESULTADOS

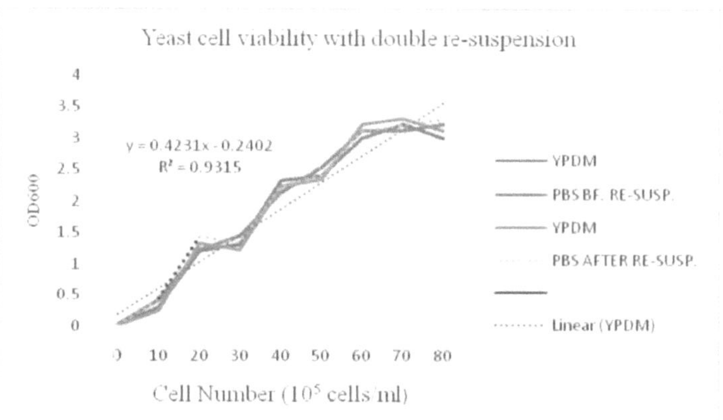

Figura 4.1: OD600 mostrando a curva de calibração para células de levedura até OD 3,2 com dupla ressuspensão em tampão fosfato salino (PBS). Os valores são apresentados como média ± desvio padrão de triplicados. Os valores com concentrações de atividade elevadas são significativamente diferentes a $P< 0{,}05$.

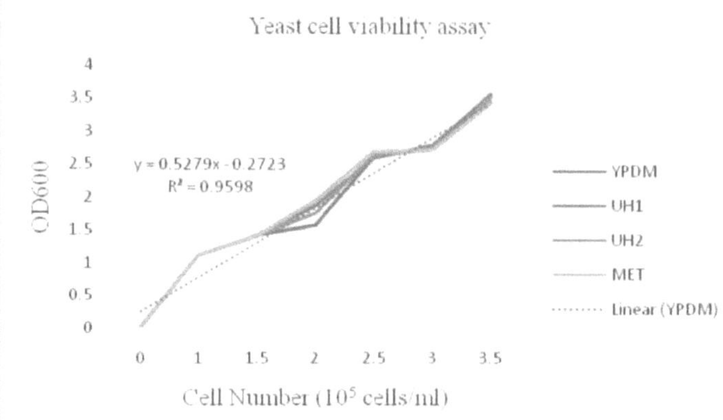

Figura 4.2: OD600 mostrando a parte linear da curva de calibração até OD ~1,4 com YPDM, UH1, UH2 e MET. Os valores são apresentados como média ± desvio padrão de triplicados. Os valores com elevada concentração de atividade são significativamente diferentes a $P< 0{,}05$.

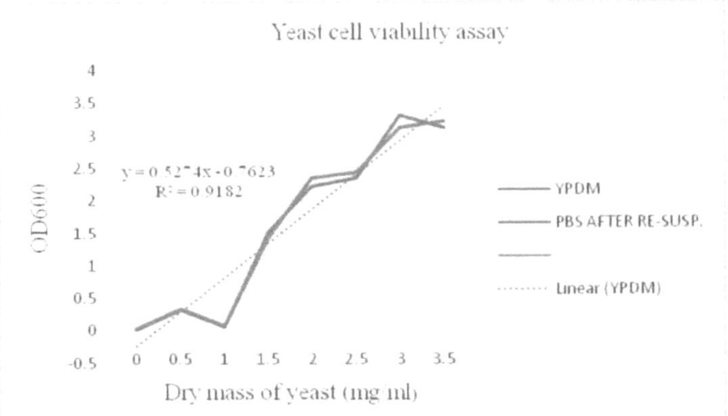

Figura 4.3: OD600 mostrando células de levedura como uma função da massa celular seca com segunda ressuspensão em tampão fosfato salino (PBS). Os valores são apresentados como média ± desvio padrão de triplicados. Os valores com elevada concentração de atividade são significativamente diferentes a $P< 0,05$.

O cálculo dos parâmetros para determinar a quantidade de células viáveis (células vivas) após a contagem da suspensão de células carregada no hemocitómetro e montada na platina de um microscópio binocular de luz mostra que: 1. A percentagem de células viáveis é igual:

Número de células claras (células vivas) igual a 94

Número de células azuis (células mortas) igual a 04

Número total de células contadas igual a 98

Por conseguinte, a percentagem de células viáveis igual a 94 dividido por 98 multiplicado por 100 é igual a

95.918367347

2. Número médio de células por quadrado igual a

94 dividido por 5 (número de quadrados contados) igual a 18,8

3.   Fator de diluição igual a: volume final dividido pelo volume de células igual a 100 µL dividido por 50 µL igual a 2.

4.   Concentração de células viáveis por ml igual a: 18,8

multiplicado por 2 e multiplicado por 10^4 igual a 376.000 células por ml.

Em notação científica, este valor foi escrito como 3,76 x 10^5 células por ml; por conseguinte, a quantidade de células viáveis foi de aproximadamente 95,9%. Os valores são apresentados como média ± variância de triplicados. A curva de calibração da figura 4.1 mostra uma gama linear até à DO 1,4 com um R elevado^2 ; isto corresponde a 20 x 10^5 células por ml.

A Figura 4.1 mostra curvas de calibração para valores de absorvância de patamar superiores a OD 3,2. Este facto pode ser sempre observado em amostras que contenham partículas (células de levedura), uma vez que a medição da OD600 é, em grande medida, uma medição turbidimétrica. Utilizando uma regressão polinomial, é possível obter contagens de células até 80 x 10^5 células com um R^2 elevado de 0,99. Encontrámos um número de células de levedura de 70 x 10^5 células por 1 unidade OD600; isto pode estar dentro da informação encontrada na literatura. A parte linear das curvas de calibração foi até OD ~1,4 foi observada na figura 1 (replicada na figura 4.2). O número de células de levedura de 1,5 x 10^5 células foi encontrado a partir da fórmula de cálculo; 1,5 multiplicado por 2 multiplicado por 10^4 igual a 3,0 x 10^5 ; por conseguinte, isto correlaciona-se com a viabilidade celular de 95,9% do R^2 .

Também determinámos a biomassa da levedura como "massa seca" em função da OD600. A partir da figura 3, verifica-se que uma massa seca de 1 mg/ml se correlaciona aproximadamente com uma DO de
3.2 o que resulta em 3,2 x10^5 células.
A partir daqui, a massa seca de uma célula de levedura é calculada como 6,4 x 10^7 mg.

Não foi necessária recalibração porque a temperatura do ambiente permaneceu a 37º C durante todo o ensaio (por exemplo, temperaturas diferentes). A melhor precisão foi obtida através da calibração direta antes da medição.
A viabilidade das células não foi efetivamente diferente nas

concentrações. Isto foi observado na semelhança do gráfico médio completo da viabilidade celular, sendo os gráficos actuais semelhantes aos das figuras 4.1, 4.2 e 4.3, respetivamente.

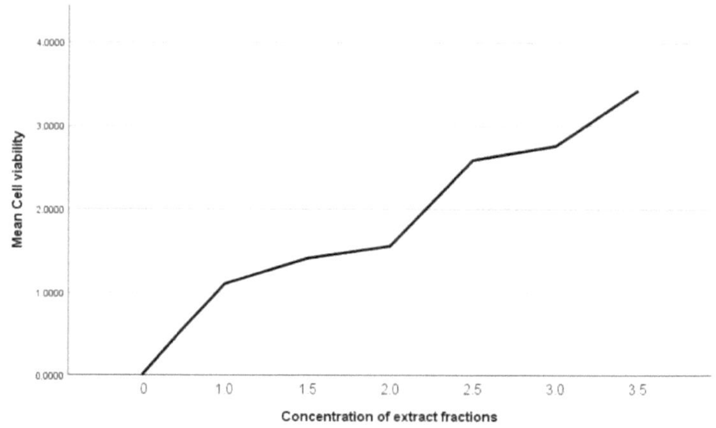

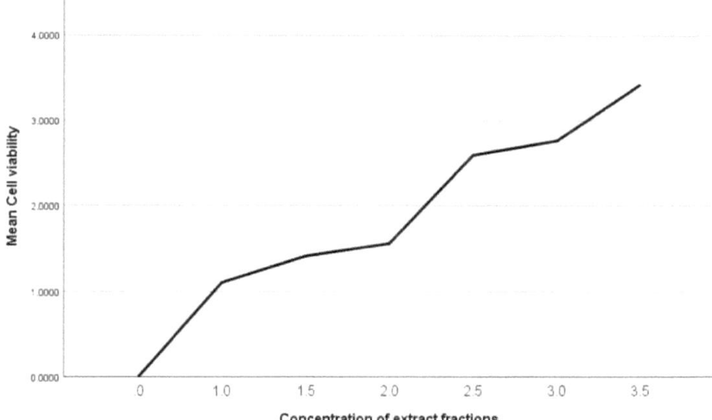

Figura 4.4: Gráfico médio da viabilidade celular para a fração de extrato BC1 e BC2

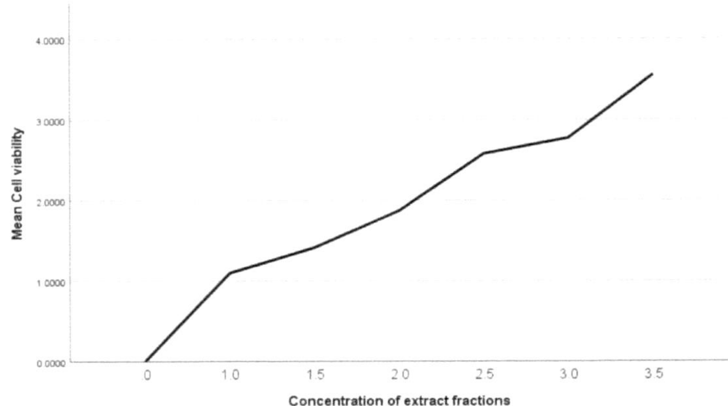

Figura 4.5: Representação gráfica média da viabilidade celular para a fração de extrato UH1

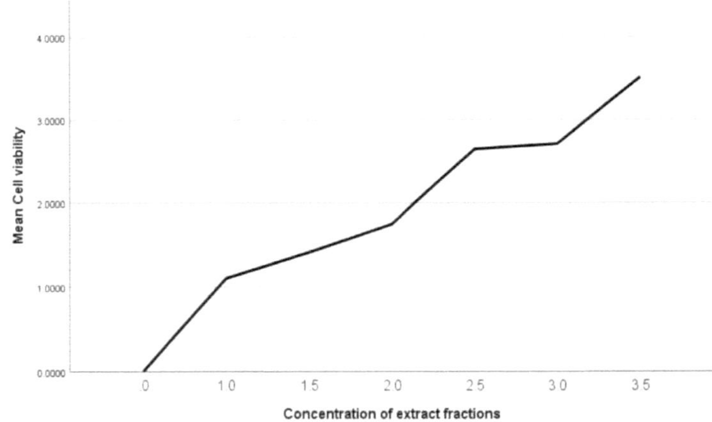

Figura 4.6: Representação gráfica média da viabilidade celular para a fração de extrato UH2

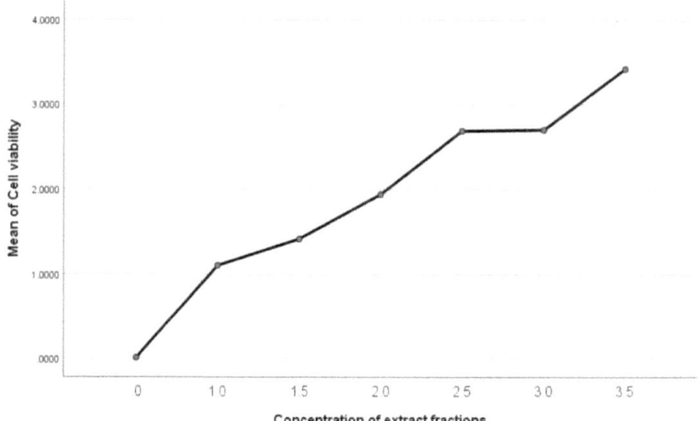

Figura 4.7: Representação gráfica média da viabilidade celular para o medicamento padrão

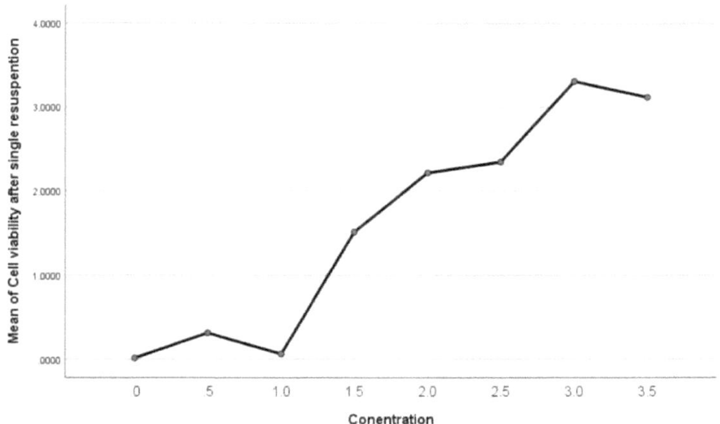

Figura 4.8: Representação gráfica média da viabilidade celular para a primeira ressuspensão

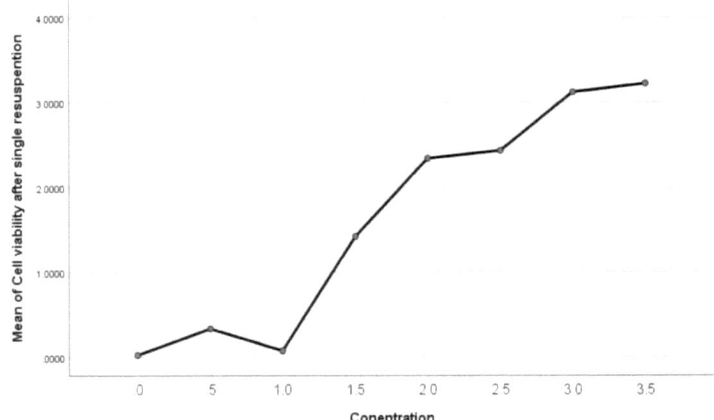

Figura 4.9: gráfico médio da viabilidade celular após a primeira ressuspensão com PBS

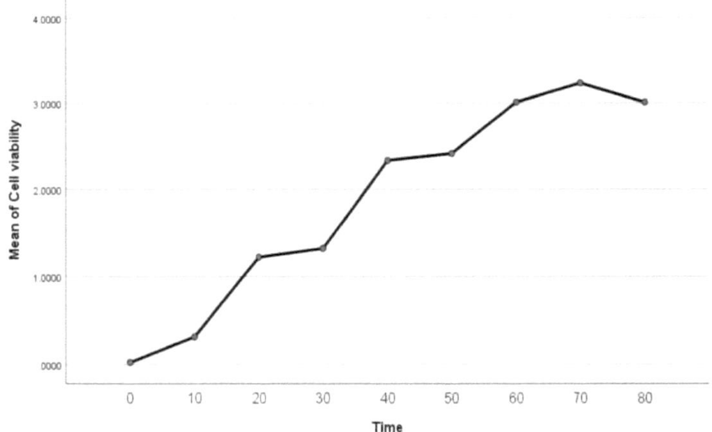

Figura 4.10: Representação gráfica média da viabilidade celular na dupla ressuspensão (primeira ressuspensão)

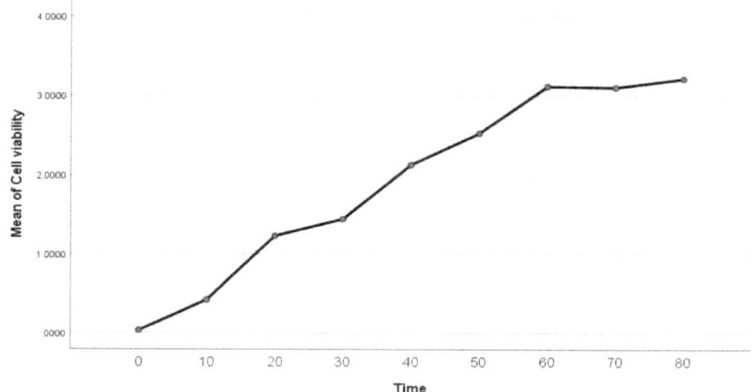

Figura 4.11: Representação gráfica média da viabilidade celular com PBS

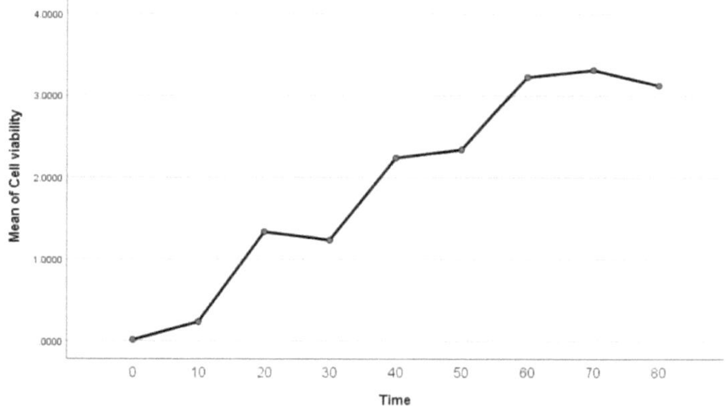

Figura 4.12: Representação gráfica média da viabilidade celular (dupla ressuspensão, segunda ressuspensão) para o YPDM

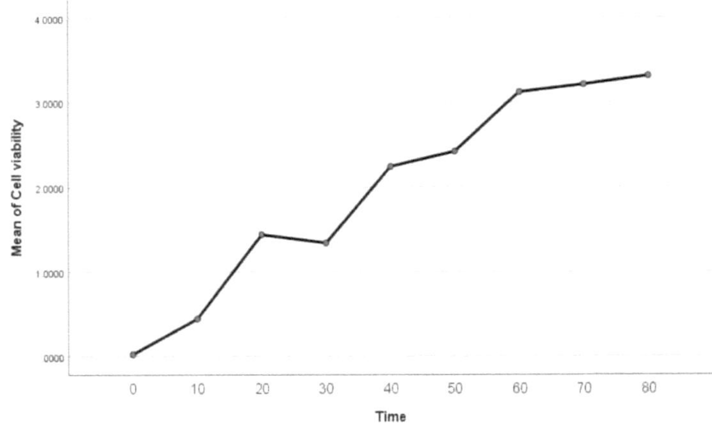

Figura 4.13: Representação gráfica média da viabilidade celular (dupla ressuspensão, segunda ressuspensão) com PBS

Além disso, a comparação entre extractos e células só foi efetivamente diferente em concentrações mais elevadas e não em concentrações mais baixas. No entanto, a ressuspensão simples da célula foi efetivamente diferente a uma concentração mais baixa; enquanto que a uma concentração mais elevada, não houve diferença efectiva nas células. Na ressuspensão dupla (primeira ressuspensão) do YPDM, verificou-se uma diferença efectiva na concentração das células e o gráfico médio da viabilidade celular foi semelhante ao gráfico da OD600 e ao gráfico médio da OD600, respetivamente. Do mesmo modo, na ressuspensão dupla (segunda ressuspensão) do YPDM, também se verificou uma diferença efectiva na concentração nas células e o gráfico médio da viabilidade celular também foi semelhante ao gráfico da OD600. Além disso, a primeira ressuspensão com YPDM mostra que houve uma diferença efectiva na concentração do extrato nas células e no PBS.

O teste T independente da concentração entre amostras na primeira ressuspensão não foi efetivamente diferente nas células a baixas concentrações. No entanto, a 30 a 50 mg/l, a eficácia cessou a uma concentração elevada de 60 a 70 mg/l e recuperou subitamente a eficácia a uma concentração mais elevada de 80 mg/l. Isto sugere que as fracções do extrato podem ser utilizadas eficazmente tanto em concentrações elevadas como em concentrações baixas. Da mesma forma, o teste T independente da concentração entre amostras na segunda ressuspensão foi surpreendentemente eficaz nas células a uma concentração muito baixa de 0 mg/l; enquanto que a concentrações elevadas de 10 a 80 mg/l, não houve qualquer efeito do extrato nas células. Isto sugere mais uma vez que o extrato pode ser muito eficaz a uma concentração muito baixa.

Na mesma linha, o teste T emparelhado da comparação entre a concentração da primeira e da segunda re-suspensão com células não foi efetivamente diferente. Isto sugere que não houve diferenças nas duas suspensões (primeira e segunda suspensão) das células de levedura em tampão fosfato salino (PBS). A viabilidade das células de levedura era suficientemente elevada (95,9%) para justificar a sua utilização com as fracções de extrato nos ensaios. Em cada um dos ensaios, foram encontrados resultados significativos, sugerindo a eficácia do ensaio de viabilidade celular com o corante azul de Tripan e o método OD600 comparados e verificados.

5.0 DISCUSSÃO E CONCLUSÃO

5.1 DISCUSSÃO

A viabilidade das células não foi efetivamente diferente nas concentrações. Este facto foi observado na semelhança do gráfico médio completo da viabilidade celular com os gráficos actuais (figuras 4.4, 4.5, 4.6, 4.9), que são semelhantes aos das figuras 4.1, 4.2 e 4.3, respetivamente. Além disso, a comparação entre extractos e células só foi efetivamente diferente em concentrações mais elevadas e não em concentrações mais baixas; no entanto, a ressuspensão simples da célula foi efetivamente diferente em concentrações mais baixas, enquanto que em concentrações mais elevadas não houve diferença efectiva nas células. Na ressuspensão dupla (primeira ressuspensão) do YPDM, verificou-se uma diferença efectiva na concentração das células e o gráfico médio da viabilidade celular (figura 4.10) foi semelhante ao gráfico da OD600 (figura 4.2) e ao gráfico médio (figura 4.11) da OD600 (figura 4.3), respetivamente. Do mesmo modo, na dupla ressuspensão (segunda ressuspensão) de YPDM, também se verificou uma diferença efectiva de concentração nas células e o gráfico médio da viabilidade celular (figuras 4.12 e 4.13) também foi semelhante ao gráfico da OD600 (figura 4.2). Além disso, a primeira ressuspensão com YPDM mostra que houve uma diferença efectiva na concentração do extrato nas células e no PBS.

O teste T independente da concentração entre amostras na primeira ressuspensão não foi efetivamente diferente nas células a baixas concentrações. No entanto, a 30 a 50 mg/l, a eficácia cessou a uma concentração elevada de 60 a 70 mg/l, mas foi subitamente restaurada a uma concentração mais elevada de 80 mg/l. Isto sugere que as fracções do extrato podem ser utilizadas eficazmente tanto em concentrações elevadas como em concentrações baixas. Da mesma forma, o teste T independente da concentração entre amostras na segunda ressuspensão foi surpreendentemente eficaz nas células a uma concentração muito baixa de 0 mg/l; enquanto que a concentrações elevadas de 10 a 80 mg/l não houve qualquer efeito do extrato nas células. Isto sugere mais uma vez que o extrato pode ser muito eficaz a uma concentração muito baixa.

Na mesma linha, o teste T emparelhado da comparação entre a concentração da primeira e da segunda re-suspensão com células não foi efetivamente diferente. Isto sugere que não houve diferenças nas duas suspensões (primeira e segunda suspensão) das células de levedura em tampão fosfato salino (PBS). A viabilidade das células de levedura era suficientemente elevada (95,9%) para justificar a sua utilização com as fracções de extrato nos diferentes ensaios. Em cada um dos ensaios, foram encontrados resultados significativos, sugerindo a eficácia do ensaio de viabilidade celular com o corante azul de Tripan e o método OD600 comparados e verificados.

5.2 CONCLUSÃO

A linha de células de levedura utilizada neste estudo era muito viável. O azul de Tripan e a OD600 sugerem viabilidade e eficácia na interface com os extractos, bem como com o substrato de glucose. A eficácia da viabilidade das células com a primeira e a segunda suspensões de células de levedura com tampão fosfato salino (PBS) não foi diferente, sugerindo que as células de levedura eram de facto viáveis, uma vez que ambas as suspensões eram iguais.

Declaração do Conselho de Revisão Institucional

O estudo foi realizado em conformidade com a Declaração de Helsínquia e aprovado pelo Conselho de Revisão Institucional da Universidade de Nicósia; a data de aprovação é 15 de janeiro de 2020.

Financiamento

Esta investigação não recebeu qualquer financiamento externo

ORCID iD: https://orcid.org/00001-8794-5960

REFERÊNCIA

Aslantürk, O. *et al.* (2017) "Deteção de fitoquímicos activos, antioxidantes, citotóxicos, apcptóticos
Activities of Ethyl Acetate and Methanol Extracts of Galium aparine L.", *British Journal of*
Pharmaceutical Research, 15(6), pp. 1-16. doi: 10.9734/bjpr/2017/32762.

Aslantürk, O. S.; Askin Çelik, T. (2013a) "Actividades antioxidantes, citotóxicas e apoptóticas de extractos da planta medicinal Euphorbia platyphyllos L," *Journal of Medicinal Plant Research;* 7(19) pp. 1293-1304.

Aslantürk, O. S.; Askin Çelik, T. (2013b) 'Investigação das actividades antioxidantes, citotóxicas e apoptóticas dos extractos dos tubérculos de Asphodelus aestivus Brot,' *African Journal of Pharmacy and Pharmacology*; 7(11) pp. 610-621.

Aslantürk, O. S.; Askin Çelik, T. (2013c) "Potencial atividade antioxidante e efeito anticancerígeno de extractos de tubérculos de Dracunculus vulgaris Schott. em células de cancro da mama MCF-7," *Jornal Internacional de Investigação em Ciências Farmacêuticas e Biomédicas;* 4(2) pp. 394-404.

Adepoju (2012) "Nutrient composition and contribution of plantain (Musa paradisiacea) products to dietary diversity of Nigerian consumers", *African Journal of Biotechnology,* 11(71), pp. 13601-13605. doi: 10.5897/ajb11.3046

Andreotti, P. E. *et al.* (1995) "Chemosensitivity testing of human tumors using a microplate adenosine triphosphate luminescence assay: Clinical correlation for cisplatin resistance of ovarian cancer,' *Cancer Research*; 55 pp. 5276-5282.

Arapitsas, P. (2008) "Identification and quantification of polyphenolic compounds from okra seeds and skins", *Food Chemistry,* 110(4), pp. 1041-1045. doi: 10.1016/j.foodchem.2008.03.014.

Adelakun, O. E.; Oyelade e O. J. (2011) *Propriedades Químicas e Antioxidantes da Semente de Quiabo (Abelmoschus esculentus Moench). Em Nuts and Seeds in Health and Disease Prevention;* Preedy, V. R., Watson, R. R., Patel, V. B., Eds.; Academic Press: Cambridge, MA, EUA, pp. 841-846. Aslantürk, O. S e Askin Çelik, T. (2013d) 'Antioxidant activity and anticancer effect of Vitex agnus-castus L. (Verbenaceae) seed extracts on MCF-7 breast cancer cells', *Caryologia.* Taylor & Francis, 66(3), pp. 257-267. doi: 10.1080/00087114.2013.850797.

Absher, M.; In: Krause, P. F Jr.; Patterson, M. K Jr.; editores (1973) In *Tissue Culture Methods and Applications.* New York: Academic Press; pp. 395-397.

Bliss, M. (1993) the history of insulin *Diabetes Care;* 16, *Suplemento* 3, pp. 4-7.

Bhuyan, B. K. et *al* (1976) 'Comparison of different methods of determining cell viability after exposure to cytotoxic compounds,' *Experimental Cell Research;* 97 p. 275.

Beal Jacob, Natalie G. Farny, Traci Haddock-Angelli, Vinoo Selvarajah, Geoff S. Baldwin, Russell Buckley-Taylor, Markus Gershater, Daisuke Kiga, John Marken, Vishal Sanchania, Abigail Sison, Christopher T. Workman, iGEM Inter lab Study Contributors (2020) 'Robust estimation of bacterial cell count from optical density,' *Communications Biology,* 3, 512 pp. 125.
Benchasr, S. (2012) O quiabo (Abelmoschus esculentus (L.) Moench) como um valioso vegetal do mundo, Ratar. *Pobreza,* 49, pp. 105-112.

Bailey C. J e Day C. (1989) 'Traditional Plant Medicine for diabetes', *Diabetes Care;* 12 de setembro, pp. 553-564.

Buttke, T. M., McCubrey, J. A. e Owen, T. C. (1993) "Use of an aqueous soluble tetrazolium/formazan assay to measure viability and proliferation of lymphokine-dependent cell lines", *Journal of Immunological Methods,* 157(1-2), pp. 233-240. doi: 10.1016/00221759(93)90092-L.

Borenfreund, E. e Puerner, J. A. (1985) "A simple quantitative procedure using monolayer cultures for cytotoxicity assays (HTD/NR-90)", *Journal of Tissue Culture Methods,* 9(1), pp. 79. doi: 10.1007/BF01666038.

Bopp, S. K., Bols, N. C. e Schirmer, K. (2006) "Development of a solvent-free, solid-phase in vitro bioassay using vertebrate cells", *Environmental Toxicology and Chemistry,* 25(5), pp. 1390-1398. doi: 10.1897/05-374R.1.

Bopp, S. K.; Lettieri, T. (2008) 'Comparison of four different colorimetric and fluorometric cytotoxicity assays in a zebrafish liver cell line,' *BMC Pharmacology;* 8 pp. 1-11.

Berg, K. *et al.* (1994) "The use of a water-soluble formazan complex to quantitate the cell number and mitochondrial function of Leishmania major promastigotes", *Parasitology Research,* 80(3), pp. 235-239. doi: 10.1007/BF00932680.

Chrzanowska, C.; Hunt, S. M.; Mohammed, R.; Tilling, P. J. (1990) *The use of cytotoxicity assays for the assessment of toxicity.* In: EHT 9329, Relatório Final para o Departamento do Ambiente. 1990

Cory, A. H.; Owen, T. C.; Barltrop, J. A.; Cory, J. G. (1991) 'Use of an aqueous soluble tetrazolium/formazan assay for cell growth assays in culture,' Cancer Communications;3 (7) pp. 207-212.

Caluete, M. E. E. *et al.* (2014) Estado nutricional, antinutricional e fitoquímico das folhas de quiabo (Abelmoschus esculentus) submetidas a diferentes processos. *Revista Africana de Biotecnologia,* 14, pp. 683-687.

Cass R. Sunstein (2002). The Rights of Animals: A Very Short Primer (University of Chicago Public Law & Legal Theory Working Paper No. 30, 2002

Domanska Magdalena, Kamila Hamal, Bartosz Jasionowski, Janusz Lomotowski (2019).

Deteção de contaminação bacteriológica em amostras de água e de águas residuais utilizando a OD600";

Revista Polaca de Estudos Ambientais Vol. 28, No. 6 pp. 4503-4509

Durazzo, A. (2017) "Abordagem de estudo das propriedades antioxidantes nos alimentos: Atualização e considerações", *Foods,* 6(3), pp. 1-7. doi: 10.3390/foods6030017.

Dong, Z.*et al.* (2014) O óleo gordo da semente de quiabo: Extração supercrítica de dióxido de carbono, composição e atividade antioxidante; *Current Topics in Nutrition Research,* 12, pp. 75-84.

Duellman, S. J. *et al.* (2015) 'Bioluminescent, Nonlytic, Real-Time Cell Viability Assay and Use in Inhibitor Screening', *Assay and Drug Development Technologies,* 13(8), pp. 456-465. doi: 10.1089/adt.2015.669.

DeFelice, S. L. (1995) 'The nutraceutical revolution: Its impact on food industry R&D", *Trends in Food Science & Technology*; 6, pp. 59-61.

Decker, T. e Lohmann-Matthes, M. L. (1988) "A quick and simple method for the quantitation of lactate dehydrogenase release in measurements of cellular cytotoxicity and tumor necrosis fator (TNF) activity", *Journal of Immunological Methods,* 115(1), pp. 61-69. doi: 10.1016/0022-1759(88)90310-9.

Eisenbrand, G. *et al.* (2002) "Methods of in vitro toxicology", *Food and Chemical Toxicology,* 40(2-3), pp. 193-236. doi: 10.1016/S0278-6915(01)00118-1.

Feoktistova, M. *et al.* (2011) 'CIAPs Block Ripoptosome Formation, a RIP1/Caspase-8 Containing Intracellular Cell Death Complex Differentially Regulated by cFLIP Isoforms', *Molecular Cell,* 43(3), pp. 449-463. doi: 10.1016/j.molcel.2011.06.011.

Fotakis, G. e Timbrell, J. A. (2006) "Ensaios de citotoxicidade in vitro: Comparison of LDH, neutral red, MTT and protein assay in hepatoma cell lines following exposure to cadmium chloride", *Toxicology Letters,* 160(2), pp. 171-177. doi: 10.1016/j.toxlet.2005.07.001

Gemede, H. F. *et al.* (2016) 'Composições aproximadas, minerais e antinutrientes de acessos de vagens de quiabo (Abelmoschus esculentus) indígenas: implicações para a biodisponibilidade mineral', *Food Science and Nutrition,* 4(2), pp. 223-233. doi: 10.1002/fsn3.282.

Gray, A. M. e Flatt, P. R. (1997a) 'Nature's own pharmacy: the diabetes perspective',

Actas da Sociedade de Nutrição; 56, pp. 507-517.

García, O. and Massieu, L. (2003) 'Glutamate Uptake Inhibitor L-Trans-Pyrrolidine 2,4- Dicarboxylate Becomes Neurotoxic in the Presence of Subthreshold Concentrations of Mitochondrial Toxin 3-Nitropropionate: Involvement of Mitochondrial Reducing Activity and ATP Production", *Journal of Neuroscience Research,* 74(6), pp. 956-966. doi: 10.1002/jnr.10825.

Geserick, P. *et al.* (2009) "Cellular IAPs inhibit a cryptic CD95-induced cell death by limiting RIP1 kinase recruitment", *Journal of Cell Biology,* 187(7), pp. 1037-1054. doi:

10.1083/jcb.200904158.
Ganassi, R. C.; Schirmer, K.; Bols, N. C. (2000) *Cell and tissue culture,* In: Ostrander GK, editor. The laboratory fish. San Diego: Academic Press; pp. 631-651.

Haase H, Jordan L, Keitel L, Keil C, Mahltig B (2017). 'Comparação de métodos para determinar a eficácia de têxteis funcionalizados antibacterianos', *PLoS ONE* 12: 11 pp. 1-16. https://doi.org/10.1371/journal. pone.0188304

Habtamu, F. *et al.* (2014) "Qualidade nutricional e benefícios para a saúde do quiabo (Abelmoschus esculentus): A review", *Journal of Food Science, Quality control and Management;* 33, pp. 8796.

Hu, L. *et al.* (2014) "Atividade antioxidante do extrato e dos seus principais constituintes da semente de quiabo em hepatócitos de ratos lesionados por tetracloreto de carbono", *BioMedResearch International,* 2014. doi: 10.1155/2014/341291.

Ishiyama, M.*et al.* (1993) 'Um novo sal de tetrazólio sulfonado que produz um corante formazan altamente solúvel em água', Chemical and *Pharmaceutical Bulletin (Tokyo);*41 pp. 1118-1122.

Ishiyama, M.*et al.* (1996) "Ensaio combinado de viabilidade celular e citotoxicidade in vitro com um sal de tetrazólio altamente solúvel em água, vermelho neutro e violeta de cristal," *Biological & Pharmaceutical Bulletin;* 19(11) pp. 1518-1520

Jain, N. *et al.A Review on: Abelmoschus esculentus. 2012; 11 11.*

Jarret, R. L., Wang, M. L. e Levy, I. J. (2011) "Seed oil and fatty acid content in okra (Abelmoschus esculentus) and related species", *Journal of Agricultural and Food Chemistry,* 59(8), pp. 4019-4024. doi: 10.1021/jf104590u.

Johnston, G. (2010) "Automated hand held instrument improves counting precision across multiple cell lines", *BioTechniques,* 48(4), pp. 325-327. doi: 10.2144/000113407.

Kim, S. I. *et al* (2016) 'Application of non-hazardous vital dye for cell counting with automated cell counters,' *Analytical Biochemistry*; 492 pp. 8 -12.

Krause, A. W.; Carley, W. W.; Webb, W. W. (1984) 'Fluorescent erythrosin B is preferable to trypan blue as a vital exclusion dye for mammalian cells in monolayer culture,' *The Journal of Histochemistry and Cytochemistry;* 12(10) pp. 1081-1090.

Kumarasuriyar, A. (2007) Cytotoxicity detection kit (LDH) from Roche Applied Science. http:// www.biocompare.com/Product-Reviews/40927-Cytotoxicity-Detection-Kit-LDH-From RocheApplied-Science.

Liao, *H.et al.* (2012) 'Análise e comparação dos componentes activos e actividades antioxidantes de extractos de Abelmoschus esculentus L. *Pharmacognosy Magazine;* 8, pp. 156- 161.

Lee, J. C. *et al.* (2005) 'Plant-originated glycoprotein, G-120, inhibits the growth of MCF-7 cells and induces their apoptosis', *Food and Chemical Toxicology,* 43(6), pp. 961-968. doi: 10.1016/j.fct.2005.02.002.

Mira P, Yeh P, Hall BG, (2022) "Estimating microbial population data from optical density";

PLoS ONE 17:10 pp. 1-8. e0276040. https://doi.org/ 10.1371/journal.pone.027604

Moyin-Jesu, E. I. (2007) 'Use of plant residues for improving soil fertility, pod nutrients, root growth and pod weight of okra (Abelmoschus esculentum L)', *Bioresource Technology,* 98(11), pp. 2057-2064. doi: 10.1016/j.biortech.2006.03.007.

Mihretu, Y.; Wayessa, G. e Adugna, D. (2014) 'Análise Multivariada entre a Coleção de Quiabos (Abelmoschus esculentus (L.) Moench) no Sudoeste da Etiópia' *Journal of Plant Science;* 9, pp. 43-50.

Marmion, D. M. (1979) *Handbook of U.S. Colortants for Foods, Drugs, and Cosmetics;* Nova Iorque: Wiley Interscience.

Mueller, H., Kassack, M. U. e Wiese, M. (2004) 'Comparison of the usefulness of the MTT, ATP, and calcein assays to predict the potency of cytotoxic agents in various human cancer cell lines', *Journal of Biomolecular Screening,* 9(6), pp. 506-515. doi: 10.1177/1087057104265386.

Maehara, Y. *et al.* (1987) 'The ATP assay is more sensitive than the succinate dehydrogenase inhibition test for predicting cell viability', *European Journal of Cancer and Clinical Oncology,* 23(3), pp. 273-276. doi: 10.1016/0277-5379(87)90070-8.

Maganha, E. G *et al.* (2010) 'Pharmacological evidences for the extracts and secondary metabolites from plants of the genus Hibiscus', *Food Chemistry,*

118(1), pp. 1-10. doi: 10.1016/j.foodchem.2009.04.005.

Messing, J. *et al.* (2014) 'Antiadhesive properties of Abelmoschus esculentus (okra) immature fruit extract against Helicobacter pylori adhesion', *PLoS ONE*, 9(1). doi: 10.1371/journal.pone.0084836.

Niles, A. L., Moravec, R. A. e Riss, T. L. (2009) "In vitro viability and cytotoxicity testing and same-well multi-parametric combinations for high throughput screening", *Current Chemical Genomics*, 3(1), pp. 33-41. doi: 10.2174/1875397300903010033.

Nimenibo-Uadia, R. and Oriakhi, A. (2017) 'Proximate, Mineral and Phytochemical Composition of Dioscorea dumetorum Pax', *Journal of Applied Sciences and Environmental Management*, 21(4), p. 771. doi: 10.4314/jasem.v21i4.18.

O'Brien, J. *et al.* (2000) "Investigation of the Alamar Blue (resazurin) fluorescent dye for the assessment of mammalian cell cytotoxicity", *European Journal of Biochemistry*, 267(17), pp. 5421-5426. doi: 10.1046/j.1432-1327.2000.01606.x.

Petropoulos, S. *et al.* (2018) 'Composição química, valor nutricional e propriedades antioxidantes dos genótipos de quiabo do Mediterrâneo em relação ao estágio de colheita', *Food Chemistry*, 242 (julho de 2017), pp. 466-474. doi: 10.1016/j.foodchem.2017.09.082.

Prabst, K.*et al.* (2017a) *Ensaio colorimétrico básico de proliferação: MTT, WST e Resazurina.* Em: Gilbert D, Friedrich O, editores. Ensaios de Viabilidade Celular. Métodos em Biologia Molecular. Vol. 1601. Nova Iorque, NY: Humana Press.

Promega, (1996) *Ensaio de proliferação celular não radioativo CellTiter 96™ AQueous.* Técnica
Bulletin 169, Revised, Promega Corporation, Madison

Prabst, K. *et al.* (2017b) "Ensaios colorimétricos básicos de proliferação: MTT, WST, and resazurin', *Methods in Molecular Biology*, 1601, pp. 1-17. doi: 10.1007/978-1-4939-6960-9_1.

Page, B., Page, M. e Noel, C. (1993) "A new fluorometric assay for cytotoxicity measurements in vitro", *International Journal of Oncology*, 3(3), pp. 473-476. doi: 10.3892/ijo.3.3.473.

Rotter, B. A. *et al.* (1993) "Rapid colorimetric bioassay for screening of fusarium mycotoxins", *Natural Toxins*, 1(5), pp. 303-307. doi: 10.1002/nt.2620010509.

Repetto, G.; del Peso, A.; Zurita, J. L. (2008) 'Neutral red uptake assay for the estimation of cell viability/cytotoxicity,' *Nature Protocols;* 3(7) pp. 1125-1131.

Ringwood, A. H.; Deanna, E. C.; Hoguet, J. (1998) 'Effects of natural and anthropogenic stressors on lysosomal destabilization in oysters Crassostrea virginica,' *Marine Ecology Progress Series*; 166 pp. 163-171.

Riss, T. L. *et al.* (2004) "Cell Viability Assays", *Assay Guidance Manual,* (Md), pp. 1-25. Disponível em: http://www.ncbi.nlm.nih.gov/pubmed/23805433.

Riss, T. L.; Moravec, R. A. (1992) 'Comparison of MTT, XTT and a novel tetrazolium compound MTS for in vitro proliferation and chemosensitivity assays Mol,' *Biology of the Cell;* 184a:3

Ruben, R. L. (1988) 'Cell culture for testing anticancer compounds,' *Advances in Cell Culture;* 6 pp. 161-188 Eds. 161-188 Eds. Marqmarosh K, Sato GH. Academic press INC, CAL

Roy, A., Shrivastava, S. L. and Mandal, S. M. (2014) 'Functional properties of Okra Abelmoschus esculentus L. (Moench): traditional claims and scientific evidences', *Plant Science Today,* 1(3), pp. 121-130. doi: 10.14719/pst.2014.1.3.63.

Stone, V., Johnston, H. e Schins, R. P. F. (2009) "Development of in vitro systems for nanotoxicology: Methodological considerations in vitro methods for nanotoxicology Vicki Stone et al.", *Critical Reviews in Toxicology,* 39(7), pp. 613-626. doi: 10.1080/10408440903120975.

Strober, W. (2001) "Trypan blue exclusion test of cell viability.", *Current protocols in immunology /edited by John E. Coligan ... [et al.],* Apêndice 3, pp. 2-3. doi: 10.1002/0471142735.ima03bs21.

Scudiero, D. A. *et al.* (1988) 'Evaluation of a soluble tetrazoliun/formazan assay for cell growth and drug sensitivity in culture using human and other tumor cell lines,' *Cancer Research;* 4 pp. 4827-4833.

Schins, R. P. F. *et al.* (2002) 'Surface modification of quartz inhibits toxicity, particle uptake, and oxidative DNA damage in human lung epithelial cells', *Chemical Research in Toxicology,* 15(9), pp. 1166-1173. doi: 10.1021/tx025558u.

Skehan, P. *et al* (1990) "New Colorimetric Cytotoxicity Assay for", *Journal of the National Cancer Institute,* 82(13), pp. 1107-1112.

Sun, L. *et al.* (2012) "A proteína do tipo domínio da quinase de linhagem mista medeia a sinalização da necrose a jusante da quinase RIP3", *Cell.* Elsevier Inc., 148(1-2), pp. 213-227. doi: 10.1016/j.cell.2011.11.031.

Scheer, A et al. (2005) "Application of alamarBlue 5-carboxyfluorescein diacetate acetomethyl ester as a non-invasive cell viability assay in primary hepatocytes from rainbow trout," *Analytical Biochemistry;* 344 pp. 76- 85.

Son, Y. O.*et al.* (2003) 'Frutos maduros de Solanim nigrum L. inibem o crescimento celular e induzem a apoptose em células MCF-7,' *Food and Chemical Toxicology;* 41 pp. 1421-1428.

Steyn, N. P. *et al.* (2014) 'Contribuição nutricional dos alimentos de rua para a dieta das pessoas nos países em desenvolvimento: A systematic review", *Public Health Nutrition,* 17(6), pp. 1363-1374. doi: 10.1017/S1368980013001158.

Swanston-Flatt, S. K. *et al.* (1991) "Traditional dietary adjuncts for the treatment of diabetes mellitus", *Proceedings of the Nutrition Society,* 50(3), pp. 641-651. doi: 10.1079/pns19910077. Santini, A. e Novellino, E. (2017) 'To Nutraceuticals and Back: Rethinking a Concept", *Foods,* 6(9), pp. 6-8. doi: 10.3390/foods6090074.

Sliwka, L. *et al.* (2016) 'The comparison of MTT and CVS assays for the assessment of anticancer agent interactions', *PLoS ONE,* 11(5), pp. 1-17. doi: 10.1371/journal.pone.0155772.

Tominaga, H. *et al.* (1999) "A water-soluble tetrazolium salt useful for colorimetric cell viability assay", *Analytical Communications,* 36(2), pp. 47-50. doi: 10.1039/a809656b. Wilcox, G. (2005) "Insulin and Insulin Resistance", The Clinical Biochemist Reviews; 26 (2); pp. 19-39.

Organização Mundial de Saúde (1980) *Second Report of the WHO Expert Committee on Diabetes Mellitus.* Relatório Técnico Série 646, p 66, Genebra: Organização Mundial de Saúde.

Wei, C.*et al.* (2016) 'Composição de ácidos graxos e avaliação das atividades anti-oxidação do óleo de semente de quiabo sob extração de ondas ultrassônicas', *Journal of Chinese Cereals and Oils Association,* 31; pp. 89-93.

Yip, D. K. e Auersperg, N. (1972) "The dye-exclusion test for cell viability: Persistence of differential staining following fixation", *In Vitro: Journal of the Tissue Culture Association,* 7(6), pp. 323-329. doi: 10.1007/BF02618887.

PARTE 2
CAPÍTULO 1

Captação de glicose in vitro em células de levedura facilitada por *Abelmoschus esculentus L.* (semente de quiabo) para o tratamento da diabetes tipo 2

Resumo

Foi estudada a absorção in vitro de glucose em células de levedura facilitada por *Abelmoschus esculentus L.* (semente de quiabo) para o tratamento da diabetes tipo 2. O material vegetal foi recolhido, identificado, processado e armazenado para utilização posterior. Utilizou-se metanol a 80% para extração e sonicação para libertar o componente antidiabético-bioativo na solução, que foi filtrada, concentrada, liofilizada e fraccionada utilizando técnicas normalizadas. A absorção de glicose a uma concentração inicial de 5mM/L e 10mM/L pelo extrato bruto foi consistente com a do medicamento padrão conhecido, enquanto a concentração de glicose a 25mM/L foi equivalente à do extrato bruto. Além disso, a 0,625 mg/mL, as equações lineares e o R^2 mostram que o extrato bruto tem uma elevada previsibilidade da dose do que o fármaco padrão, conforme apresentado pela equação: $y = 35,754x - 57,822$ e $R^2 = 0,9502$ (95%). As fracções do extrato foram utilizadas para avaliar a capacidade da cultura da linha celular de levedura para absorver glicose do sistema através de 2,2-difenil-1-picrilhidrazil (DPPH), poder antioxidante redutor férrico (FRAP), peroxidação lipídica e efeito anti-diabetes dos ensaios de fração do extrato. Verificou-se que as fracções do extrato apresentam uma atividade antioxidante suficientemente elevada para inibir as doenças relacionadas com o stress. As fracções do extrato eram activas tanto em concentrações baixas como altas e eram melhores do que o medicamento padrão e o antioxidante padrão era comparável. As fracções de extrato altamente bioactivas requerem encapsulamento com uma nanopartícula como candidato a medicamento para diabéticos.

Serão necessários mais estudos para monitorizar os desempenhos in vivo das fracções de extrato e ensaios subsequentes.

Palavras-chave: Captação de glicose; linha celular de levedura; *Abelmoschus esculentus L.;* fracções de extrato; diabetes tipo 2; candidato a medicamento

1.0 INTRODUÇÃO

Abelmoschus esculentus L. (quiabo) pode ser uma cultura de alto valor porque caracteriza uma fonte de nutrientes que são significativos para a saúde humana, por exemplo, vitaminas, potássio, cálcio, hidratos de carbono, fibra dietética e ácidos gordos insaturados como os ácidos linolénico e oleico, e da mesma forma de produtos químicos bioactivos (Moyin-Jesu, 2006; e Habtamu et al; 2014). O quiabo pode ser uma cultura versátil graças às várias utilizações das suas folhas, botões, flores, vagens, caules e sementes (Mihretu et al; 2014). O quiabo é há muito tempo um vegetal e uma fonte de medicamento dietético (Maganda et al; 2009; Benchasr, 2012; Messing et al; 2012; e Roy et al; 2014). De facto, para além do seu papel nutricional, é apropriado para algumas utilizações terapêuticas e industrializadas (Benchasr, 2012). O perfil dos constituintes bioactivos em várias partes do quiabo é bem aceite: para misturas polifenólicas da vagem de quiabo, caroteno, ácido fólico, tiamina, riboflavina, niacina, vitamina C, ácido oxálico e aminoácidos (Roy et al; 2014; Jain et al; 2012; Gemede et al; 2016; Petropoulos et al; e 2018) para misturas polifenólicas da semente de quiabo, principalmente catequinas oligoméricas e subprodutos de flavonol, proteína (ou seja, (Durazzo et al; 2017) o óleo resultante é rico em ácidos palmítico, oleico e linoleico) (Durazzo et al; Arapitsas, 2008; Adelakun et al; 2009; Adelakun et al; 2011; Jarret et al; 2011; Dong et al; 2014; Hu et al; 2014; Stryn et al; 2014; e Durazzo, 2017) para carboidratos de raiz e glicosídeos de flavonol e principalmente minerais, taninos e glicosídeos de flavonol para folhas (Wei et al; 2016; Idris et al; 2009; Calueta et al; 2014) chamou a ocorrência em várias proporções de fenólicos inteiros e flavonóides totais e propriedades antioxidantes em uma parte extremamente diversificada de plantas, i.e., flor, fruto, folha e semente. Vários constituintes do quiabo (flavonóides, polissacáridos e vitaminas) possuem actividades biológicas significativas (Liao et al; 2012). A avaliação das relações dos constituintes bioativos durante a quantificação das propriedades antioxidantes (Liao et al; 2012) caracteriza uma primeira etapa para a compreensão de suas ações biológicas e propriedades benéficas.

Figura 1.1: *Abelmoschus esculentus* A diabetes é uma doença persistente caracterizada por hiperglicemia, secreção insuficiente de insulina e perturbações nas vias metabólicas. Afecta mais de 400 milhões de indivíduos em todo o mundo com idade igual ou superior a 18 anos, particularmente em países de baixo e médio rendimento, e prevê-se que seja a 7.ª principal causa de morte até 2030 (OMS, 2016). A hiperglicemia constitui a hiperglicemia não insulino-dependente, que representa 90% de todos os casos, e é causada principalmente por resistência à insulina, deficiência parcial de insulina e elevação anormal da glicose pós-prandial (OMS, 2016; Kwon et al; 2007; e Odebode et al; 2017).

A natureza difícil da diabetes tipo 2 nos países em desenvolvimento deve-se a mudanças na nutrição e no estilo de vida, passando de refeições tradicionais, que são ricas em nutrientes de alimentos à base de plantas, como grãos, legumes, frutas e vegetais, para refeições mais ocidentalizadas, ricas em açúcares, gorduras e dietas de origem animal (Popkin, 2002; Kapoor e Anand, 2002; Sun et al; 2010; Eleazu e Okafor, 2012). Estes factores conduziram também a uma elevada prevalência de doenças prolongadas e em declínio. O conteúdo de nutrientes de plantas alimentares no controlo da diabetes numa determinada área geográfica inclui *Digitaria exilis* (acha), Treculia Africana (fruta-pão), planta de feijão (feijão), e (Undie e Akubue, 1986) e *Abelmoschus esculentus L.* (semente de okro) (Smit et al; 2013). No entanto, devido à limitação da terapia atual para gerir toda a fisiologia das caraterísticas anormais do distúrbio, são urgentemente necessárias estratégias alternativas de utilização de uma série de fitonutrientes das plantas mencionadas (OMS, 2002).

As plantas terapêuticas, geralmente desde os tempos mais remotos, foram úteis para descobrir compostos bioactivos para a formulação de medicamentos (OMS, 2008). Os desafios da resistência celular encontrados, o elevado orçamento, a inacessibilidade e o aumento da quantidade de toxinas no ser humano como resultado da ingestão das substâncias prejudiciais circundantes, o uso contínuo ou excessivo dos medicamentos convencionais, a atenção está agora a voltar-se para compostos bioactivos naturais com capacidades terapêuticas melhoradas, modestos, menos prejudiciais ou não prejudiciais e rapidamente acessíveis para serem utilizados (Balogun et al; 2017; Akpovona et al; 2016, Mfotie et al; 2014). É cativante notar que o trabalho de investigação da Organização Mundial de Saúde, 2008, indicou que mais de 80% do mundo, particularmente os dos países em desenvolvimento, depende em grande medida de plantas terapêuticas para a saúde vital quotidiana (Toiu et al; 2018). Neste momento, cerca de 20% dos medicamentos atualmente existentes contêm uma elevada percentagem de fitoquímicos como parte dos seus constituintes bioactivos (OMS, 2008). A maior parte das doenças humanas que emergem das actividades de microrganismos, infecções, condições desordenadas de dificuldades metabólicas e doenças relacionadas com o stress oxidativo utilizam plantas terapêuticas (Umar et al; 2019; Onukogu et al; 2019; Madaki et al; 2016, e Lawal et al; 2015) . A teoria da toxicidade da glicose recomenda que a exposição constante a aumentos modestos de glicose durante um período prolongado afecta seriamente as células. Substancialmente, o efeito da diabetes tipo 2, a hiperglicemia, é projetado como uma razão secundária por detrás do declínio celular contínuo.

Do mesmo modo, há uma atenção crescente na utilização de produtos naturais provenientes de plantas como substitutos dos medicamentos actuais. As fontes vegetais tornaram-se os principais alvos para a obtenção de novos medicamentos para ajudar a controlar a diabetes.

Os antioxidantes são substâncias capazes de retardar as reacções químicas, independentemente das concentrações; por conseguinte, os antioxidantes têm vários papéis físicos e químicos no organismo. Além disso, os antioxidantes têm um desempenho semelhante ao das substâncias secundárias habituadas a travar a oxidação térmica, respondendo com os radicais reactivos e destruindo-os para acalmar a atividade, materiais menos nocivos e de longa duração do que esses radicais. Os antioxidantes também podem desativar os radicais livres, aceitando ou doando electrões para se livrarem do estado não emparelhado do romance (Krishnanmurthy, 2012).

A condição de stress em que existem diferenças entre a produção e a acumulação nas células e nos tecidos do corpo, bem como a desintoxicação do produto da reação devido à ausência de antioxidantes ou à formação de espécies reactivas de oxigénio (ROS), espécies reactivas de azoto (RNS) e espécies reactivas de enxofre (RSS), pode criar a possibilidade de destruir as células (Aziz et al; 2016, e Law et al; 2017). As espécies reactivas de oxigénio poderiam ser habituadas a combinar e incluir todas as reacções extremas de variedades de oxigénio, compreendendo espécies moleculares capazes de existir sozinhas que contêm um eletrão não emparelhado no orbital atómico. Estas espécies reactivas de oxigénio são agrupadas em grupo hidroxilo (OH·), grupo per hidroxilo (HO2·), ácido hipocloroso (HOCl), grupo anião superóxido (O$_2$ ·), peróxido de hidrogénio (H O$_{22}$), oxigénio singlete (^{1} O2), grupo gás óxido nítrico (NO*), grupo hipoclorito (OCl·), peroxinitrito (ONOO), e várias substâncias orgânicas e peróxidos. Por outro lado, as espécies reativas de nitrogênio vêm do grupo de gás óxido nítrico como resultado da reação com o íon oxigênio para produzir íon peroxinitrito, no entanto, as espécies reativas de enxofre são bem formadas após a reação com tióis e espécies reativas de oxigênio (Aziz et al; 2016 e Krishnamurthy; 2012).

1.1 Danos causados pelo stress oxidativo nas proteínas

A modificação covalente de proteínas efectuada através de reacções diretas com espécies reactivas de oxigénio ou de reacções indirectas com produtos secundários produzidos após a produção de stress oxidativo pode resultar na alteração de compostos orgânicos como os aminoácidos, na desintegração da cadeia peptídica, numa combinação de produtos de reação reticulados, bem como em cargas eléctricas melhoradas. Além disso, as modificações covalentes das proteínas, efectuadas quer através de reacções diretas com espécies reactivas de oxigénio, quer através de reacções indirectas com produtos secundários produzidos após a produção de stress oxidativo, são mais susceptíveis de provocar a decomposição parcial ou total das proteínas em péptidos e aminoácidos pelas enzimas responsáveis pelas reacções de proteólise, bem como um aumento das proteínas oxidadas, que podem estar na origem da deterioração de determinadas funções e papéis químicos e biológicos. Os desequilíbrios entre a produção e a acumulação de espécies reactivas de oxigénio que afectam as proteínas podem desempenhar uma função na ligação entre as cataratas e o envelhecimento (Aziz et al; 2016 e Kumar, 2011).

1.2 Danos aos lípidos provocados pelo stress oxidativo

Os lípidos têm um papel vital, fundamental e útil nas membranas celulares. No entanto, após a necrobiose, os lípidos das membranas são susceptíveis de peroxidação e este método pode dar origem a uma confusão de algumas análises de peroxidação lipídica. Especificamente, os ácidos gordos polinsaturados são propensos a ataques por surtos de espécies reactivas de oxigénio. O fragmento reativo essencial de uma molécula, bem como a fonte de espécies químicas que reagem com um monómero para a reação em cadeia das espécies reactivas de oxigénio e a lipoperoxidação dos poli-insaturados, é o hidroxilo (Kurutas, 2016). Graças à peroxidação lipídica, formam-se numerosas misturas, como os alcanos, o malondialdeído, bem como os isoprostanos. Além disso, estas misturas são utilizadas como sinais na análise da peroxidação lipídica e são estabelecidas em doenças que incluem doenças neurogenerativas, cardiopatia e diabetes (Aziz et al; 2016 e Bagchi e puri, 1998).

1.3 Danos ao ADN provocados pelo stress oxidativo

O oxigénio molecular é um potente oxidante e mediador que liberta oxigénio, equilibrando a produção e a acumulação de espécies reactivas de oxigénio, tal como a emissão de partículas ionizantes, promovendo a deterioração do ADN, o que resulta em remoção, alterações e erros congénitos graves. Além disso, através deste comprometimento do ADN, a molécula de açúcar e base, bem como uma fonte de espécies químicas que reagem com um monómero, são propensas à oxidação, resultando na quebra da base nas suas partes separadas, quebra essa que surge quando apenas uma cadeia do duplex de ADN é desconectada para além da ligação cruzada às proteínas. Além disso, o comprometimento do átomo de DNA está ligado à ligação do cancro e ao aumento do processo de envelhecimento (Aziz et al; 2016; Lü et al; 2012, Zadak et al; 2009).

1.4 Danos causados pelo stress oxidativo aos hidratos de carbono

No que diz respeito aos glúcidos, a produção e a acumulação de espécies reactivas de oxigénio ao longo da resposta inicial extemporânea não enzimática dos açúcares redutores livres com grupos amino livres, do ADN e dos lípidos podem contribuir para a degradação glicoxidativa. Por conseguinte, através das primeiras etapas de um sistema não produzido por reação enzimática de um hidrato de carbono ligado a um hidroxilo de uma molécula diferente para produzir um glicoconjugado, a divisão assexuada de um organismo em fragmentos como sistema de produção de oligossacáridos como o glicolaldeído cuja cadeia é demasiado curta para sofrer reacções com uma molécula para desenvolver a associação a uma molécula diferente para produzir um anel fechado e é, por conseguinte, vulnerável à oxidação extemporânea de um composto no ar, formando o superóxido de moléculas com um eletrão desemparelhado que pode provocar a produção de β-dicarbonilos, substâncias estabelecidas que provocam alterações no ADN de uma célula (Benov e Beema, 2003). Os mecanismos de oxidação do átomo de hidratos de carbono são semelhantes aos dos lípidos.

Os monossacarídeos, como a glicose, o manitol e a desoxirribose, são estabelecidos para ligar o óxido de hidrogénio a substâncias moleculares desenvolvidas produzidas a partir de reagentes, que não interferem com o valor nutricional (Polumbryk et al; 2013).

A queixa de stress, em que há modificações entre a criação e a acumulação nas células e nos tecidos do corpo, e a limpeza do produto da reação devido à falta de antioxidantes ou à formação de espécies reactivas de oxigénio (ROS), espécies reactivas de azoto (RNS) e espécies reactivas de enxofre (RSS), pode gerar um risco de acabar com a vida das células (UK Prospective, 1998; Stratton et al; 2000, e CDC, 2011).

1.5 Captação de glicose nas células

Um método de transporte dinâmico combinado de iões de sódio e uma
família de glicoproteínas transportadoras de glucose auto-reguladoras
de iões de sódio fundamentalmente associadas. Além disso, esta última
família, designada por transportador de glucose (GLUT), permite o
aumento da glucose através da citomembrana, declinando para a sua
substância, inclinando-se cada uma para dentro ou para fora das células.
São específicos para a D-glicose e não parecem ter quaisquer
constituintes que exijam energia, como a degradação de substâncias
pela água ou uma inclinação de iões de hidrogénio. Os transportadores
de glicose melhorados são diferentes dos transportadores dependentes
de iões de sódio, que armazenam vigorosamente este hidrato de
carbono. Estas várias influências hormonais sobre as funções da
adrenalina e do cortisol estão normalmente subordinadas à absorção de
glicose por um organismo vivo, uma fase em que quase todos os tecidos
(com a importante exclusão das células do parênquima central do fígado
e das células originárias dos ilhéus pancreáticos que produzem e
libertam insulina e amilina) são controlados pelo grau de manifestação
dos transportadores de glicose no exterior da célula. A presença de
várias isoformas de transportadores de glicose através de diversos bens
materiais de movimento e a manifestação exterior celular bem ordenada
dá a ideia de que os factores de um modelo devem ser ajustados com
muita exatidão para se adequarem a interpretações seguras da
integração da glicose num organismo vivo, reacções bioquímicas nas
células do corpo que convertem alimentos em energia, bem como
permitindo a regulação de toda a distinção de um indicador na procura
de reservar a semelhança de uma célula, bem como a conversão de todo
o corpo de substância alimentar em fiabilidade energética. Todas as
células de mamíferos são compostas por um ou mais associados da
família dos transportadores de glucose (Gould et al; 1993, e Medina e
Owen, 2002). Estas proteínas exibem grande parte dos bens materiais
da reação de uma substância através de um reagente distinto,
produzindo uma combinação desequilibrada de estereoisómeros ao
longo de uma formação não estereoespecífica, dando para o transporte

de substrato em duas direcções opostas, com o movimento da região de maior concentração para a de menor concentração, diminuindo o seu declive de concentração. Os transportadores de glicose controlam o aumento da glicose tanto no exterior como no interior das secções celulares, mantendo assim uma fonte inesgotável deste elemento vital. A família de proteínas transportadoras de glucose pertence à superfamília de facilitadores principais dos transportadores de membrana (MFS). Os transportadores de glicose têm cerca de quinhentos aminoácidos e possuem doze proteínas na membrana tipicamente não polar e hidrofóbica; a interface através da molécula polar produz o transporte de poros e oligossacáridos ligados a N simples. Os transportadores de glicose associados à família podem ser categorizados em três grupos diferentes, devido às suas semelhanças de categorização (Joost et al; 2002). Catorze proteínas transportadoras de glicose em humanos compreendem transportadores para substratos separados da glicose, incluindo frutose, mioinositol e urato. O papel inicial, bem como as acções dos substratos de matéria viva para pelo menos metade das catorze proteínas transportadoras de glicose, existe além disso como não fiável ou desconhecido. Além disso, a categoria I: moléculas transportadoras de glicose de um a quatro são as mais amplamente categorizadas e são reconhecidas como possuindo controle separado, bem como bens materiais de movimento que reproduzem suas funções precisas em relação a uma célula e glicose de corpo inteiro mantendo ativamente condições bastante estáveis necessárias para a sobrevivência (Thorens e Muekler, 2010).

Em resumo, existem dois grupos de transportadores de glicose, em primeiro lugar no cérebro: as proteínas transportadoras de glicose (GLUT), que transportam a glicose através de uma difusão facilitada (uma forma de transporte passivo), e os transportadores de glicose dependentes de sódio (SGLT), que utilizam um mecanismo de acoplamento de energia (transporte ativo). Por conseguinte, a glicose não pode atravessar uma membrana celular por difusão simples devido ao seu grande tamanho e é imediatamente impedida pelas caudas hidrofóbicas (que odeiam a água). Como alternativa, passa por difusão facilitada que inclui moléculas que a permitem atravessar a membrana através de uma rede de proteínas. O presente estudo foi concebido com o objetivo principal de utilizar sementes de quiabo para conseguir a absorção de glucose em células de levedura.

PARTE 2
CAPÍTULO 2

2.0 MATERIAIS E MÉTODOS

2.1   Produtos químicos

Os produtos químicos utilizados neste estudo eram de qualidade analítica e produtos da Sigma Aldrich. Os produtos químicos incluem metanol, tampão de fosfato, 2,2-difenil-1-picril-hidrazil (DPPH), hexacianoferrato de potássio (III), cloreto férrico, ácido tiobarbitúrico (TBA), dodecil sulfato de sódio (SDS), sulfato ferroso, ácido acético (TCA), levedura de padeiro, ácido ascórbico (vitamina *C)* e metronidazol (medicamento padrão para a diabetes).

2.2   Materiais vegetais: Recolha e identificação

Abelmoschus esculentus L. (semente de quiabo) foi adquirida de uma fonte comercial nos Estados de Benue e Nasarawa, Nigéria; um botânico identificou a planta. A planta foi lavada, cortada - aberta para remover as sementes frescas e foi seca ao ar a 37° C durante três dias para reduzir o teor de humidade.

2.3   Processo de moagem (pulverização)

A amostra de planta *Abelmoschus esculentus L.* (semente de okro ou OS) para o estudo foi triturada até se tornar pó utilizando um moinho eletrónico modelo Nima Japan. A amostra triturada foi embalada num saco de poliestireno (nylon) e colocada num exsicador com coloide (exsicante) para evitar que a amostra absorvesse humidade da atmosfera. O material de amostra vegetal seco e pulverizado (em pó) foi armazenado num exsicador até à sua utilização.

2.4   Extração com metanol da amostra de planta

O material em pó fino foi extraído de forma a obter substâncias activas com um solvente adequado

(metanol). Para a preparação do extrato metanólico, 100 g de cada

Abelmoschus esculentus L. em pó, foi pesada separadamente num copo de 1000 ml e foi completamente extraída por adição de metanol a 80% durante dezoito horas a uma temperatura de sonicação de 30° C sob condição de agitação. De seis em seis horas, a solução foi submetida a ultra-sons durante vinte minutos para obter os agentes antidiabéticos precisos (componente bioativo) da amostra da planta, a que se seguiu uma filtração para obter um volume final de 1 litro (1000mL). O extrato foi filtrado com papel Whitman n.º 1 e concentrado até à secura sob pressão reduzida e temperatura controlada (40-50º C) num banho de água controlado digitalmente e foi fraccionado sequencialmente (partição) por n-hexano, clorofórmio e etanoato de etilo (acetato de etilo). n- Hexano,

As fracções dos extractos de clorofórmio e etanoato de etilo foram evaporadas sob pressão reduzida.

2.5 Filtração da amostra extraída

Após a sonicação da amostra, verificou-se uma separação transparente entre o sobrenadante e o resíduo cimentado no fundo do frasco cónico. No entanto, o processo de filtração impediu a entrada de resíduos minúsculos no filtrado, caso este fosse decantado. Dobrou-se duas vezes o papel Whitman n.º 1 num funil de plástico e colocou-se o funil sobre a boca de um frasco cónico. A solução separada foi vertida no funil com papel de filtro, o filtrado foi gradualmente recolhido no fundo do frasco cónico e o resíduo foi retido pelo papel de filtro.

2.6 Concentração do filtrado

O filtrado recolhido continha metanol e água juntamente com o extrato. Para remover o metanol utilizado na extração, foi utilizado um banho de água regulado digitalmente. O banho-maria regulado digitalmente permitiu a evaporação do metanol a 40º C.

2.7 Liofilização

O extrato concentrado continha água depois de o metanol ter sido evaporado do filtrado. Os extractos foram congelados a -20º C e secos num sistema de compressão a vácuo (secador). Foi utilizado um liofilizador; modelo número LGJ-18 equipado com uma bomba de compressão.

2.8. Fracionamento do extrato bruto (partição)

Fracionamento dos extractos brutos em metanol (partição): 10 g dos extractos foram dissolvidos em 100 ml de água destilada e divididos em fracções de n-hexano, clorofórmio e acetato de etilo, por ordem crescente de polaridade do solvente (n-hexano < clorofórmio < acetato de etilo < água destilada), utilizando uma ampola de decantação. As fracções resultantes foram secas a uma temperatura reduzida de 40° C com um banho de água regulado digitalmente. O peso das fracções foi medido. As fracções reagiram com células de levedura para viabilidade, DPPH, FRAP, peroxidação lipídica e ensaio de absorção de glucose de células de levedura. O método de Kabir et al; 2005 foi utilizado para identificar as fracções bioactivas.

Após o fracionamento do SO, foram divididas um total de quatro (4) fracções (tabela 1).

A codificação das fracções utilizou dois alfabetos e um número. O prefixo é o nome da planta alimentar, o sufixo é o nome do solvente utilizado para a extração dessa fração específica, enquanto o número é a partição das fracções numeradas de acordo com a sua deslocação do funil de separação (quadro 2.1).

Tabela 2.1: Apresentando as fracções da partição do extrato bruto com n- Hexano, clorofórmio, acetato de etilo e solução aquosa

Sample	Hex	CHCl₃	EtOAc	Aqueous
Okra Seed (OS)	OH_1, OH_2	-	OE	OA

Tabela 2.2: Rendimento percentual das fracções a partir de 10 g dos extractos brutos

	Hex	CHCl₃	EtOAc	Aqueous
Wt. of Solvent used	100%	100%	100%	100%
Wt. of fractions (g)	OH_1 =2.0 OH_2 =3.1	-	OE =2.0	OA =3.0
% Wt. of the fractions	OH_1 =20 OH_2 =31	-	OE =19	OA =30

2.9 Antioxidante in vitro do ensaio de eliminação do radical livre 2,2-difenil-1-picrilhidrazil (DPPH)

As actividades antioxidantes do extrato da planta foram estimadas utilizando o ensaio de eliminação do radical livre DPPH como descrito por Oyaizu, (1986). Foram preparadas diferentes concentrações de extractos brutos e ácido ascórbico (vitamina C como controlo) em concentrações de 31,25, 62,5, 125, 250 e 500 pg/ml, bem como das fracções com concentrações semelhantes, a partir de soluções de reserva (1000pg/ml), pesando e dissolvendo 0,0005g do extrato bruto e ácido ascórbico em 100mL de metanol. Posteriormente, 2 ml de DPPH a 0,004% em metanol foram adicionados a 1 ml de concentrações variadas de extrato bruto e fracções de extrato, bem como de ácido ascórbico. As misturas de reação foram incubadas a 25°C durante meia hora. A absorvância de cada mistura de teste foi lida contra um branco a 517 nm, utilizando um espetrofotómetro de feixe duplo Shimadzu da série UV-1800. A experiência foi efectuada em triplicado. A percentagem de atividade antioxidante foi calculada utilizando a fórmula abaixo:

Percentagem de atividade de sequestro = Absorvância do branco menos Absorvância da amostra dividida pela Absorvância do branco multiplicada por 100

2.10 Ensaio de poder antioxidante redutor férrico (FRAP)

A avaliação da atividade antioxidante dos extractos brutos e das fracções de extrato através do ensaio do poder antioxidante redutor férrico foi constante com o método de Oyaizu (1986). 0,0005g de extractos brutos e ácido ascórbico como controlo foram pesados e dissolvidos em 100ml de metanol (1000pg/ml), a partir do qual foram preparadas diferentes concentrações de 31,25, 62,5, 125, 250 e 500pg/ml. Durante este ensaio, 1 ml de cada extrato de planta, vitamina C, 1 ml de tampão de ortofosfato de sódio 0,2 M e 1 ml de hexacianoferrato de potássio (III) a 1% foram misturados e incubados a 50°C durante vinte minutos. Depois disso, adicionou-se 1 ml de TCA a 10% a 1 ml de cada concentração dos extractos e misturou-se com 1 ml de água e 0,2 ml de cloreto férrico a 0,1%. A absorvância das amostras de teste foi lida a 700 nm com água destilada como branco. A percentagem de atividade antioxidante foi calculada utilizando a fórmula: Percentagem de atividade = absorvância da amostra menos a absorvância do *branco* dividida pela absorvância da *amostra* multiplicada por 100.

2.11 Ensaio de inibição da peroxidação lipídica (L.P) por extractos brutos e fracções de extractos

Os efeitos inibitórios dos extractos brutos e das fracções de extrato na peroxidação lipídica foram determinados utilizando o método de Halliwell et al (1995) com uma ligeira modificação. Resumidamente, foram adicionados 0,5 ml de homogenato de ovo a 10% a 0,1 ml de extractos brutos e fracções e ascórbico como controlo em várias concentrações de 31,25, 62,5, 125, 250 e 500 pg/ml, bem como 1 ml de água. Em seguida, adicionou-se 0,05 ml de FeSO$_4$ às misturas e incubou-se durante meia hora. Em seguida,

Adicionou-se 1,5 ml de ácido carboxílico e ácido tiobarbitúrico (TBA) em dodecil sulfato de sódio. A mistura de reação resultante foi agitada em vórtice e incubada a 95°C durante uma hora. Deixou-se arrefecer a mistura reacional e adicionou-se 5 ml de butanol a cada um dos tubos de ensaio, centrifugou-se a 1200 rpm durante 10 minutos e leu-se a absorvância das amostras a 532 nm.

A percentagem de inibição da peroxidação lipídica foi calculada com a fórmula: Percentagem de inibição = absorvância do *branco* menos a absorvância da *amostra* dividida pela absorvância de bZαnfcmultiplicada por 100.

2.12 Efeito antidiabético de *Abelmoschus esculentus L.* na captação de glucose em células de levedura

T ensaio foi efectuado segundo o método de Cirillo (1962) com ligeiras modificações. A levedura de padeiro comercial foi dissolvida em água destilada para preparar uma suspensão a 1%. A suspensão foi mantida durante a noite a uma temperatura de 37°C. No dia seguinte, a suspensão de células de levedura foi centrifugada a

4 200 rpm com centrifugadora de alta velocidade refrigerada de 4 baldes, modelo LR10 - 2,4A, 50/60 Hz e 220-240 V durante cinco minutos. O método foi repetido adicionando água à palete até se obter um sobrenadante transparente. Misturaram-se exatamente dez partes do líquido sobrenadante transparente com 90 partes de água destilada para obter uma suspensão de 100 ml v/v de células de levedura. Devido à solubilidade do extrato, cerca de 1mg p/v de extractos brutos de plantas e fracções de extrato foi misturado com dimetilsulfóxido (DMSO4). Foi feita uma diluição em série do extrato na concentração de 0,625, 1,25, 2,5 e 5mg/ml para o extrato bruto, bem como 31,25, 62,5, 125, 250 e 500pg/ml para as fracções do extrato, respetivamente. As amostras foram submetidas a uma reação com concentrações de 5, 10 e 25mM/L de 1mL de solução de glucose e incubadas durante dez minutos a 37°C. A reação foi iniciada com a adição de 100 ml de suspensão de levedura às amostras de glucose e extractos. As amostras foram agitadas em

vórtex e incubadas durante mais uma hora a a 37°C. Após a incubação, o ácido 3,5-dinitrosalicílico (DNSA) foi adicionado aos tubos e colocado em água a ferver durante cinco minutos (mas os tubos não foram deixados a ferver - isto foi feito para permitir a reação rápida dos extractos, da glucose e das células de levedura). A absorção de glucose foi lida utilizando um espetrofotómetro (UV - 1800 SHIMADZU) a 540nm. A absorvância para o controlo foi efectuada num comprimento de onda semelhante. O aumento percentual da absorção de glucose foi calculado com a fórmula: Aumento percentual da absorção de glicose = absorvância do controlo menos a absorvância da amostra dividida pela absorvância do controlo multiplicada por 100, em que o controlo era a solução que continha todos os reagentes, exceto a amostra de ensaio. O metronidazol foi utilizado como medicamento padrão (controlo).

2.13 Análise estatística

Os dados foram recolhidos com recurso a uma análise de variância (ANOVA) unidirecional e bidirecional, bem como ao teste T independente e à análise do teste T emparelhado. Os grupos foram considerados significativos se $P < 0 \cdot 05$ e, um valor F foi significativo para ANOVA; as diferenças entre todos os pares foram realizadas usando o teste Ducan Post Hoc; SPSS versão 26 e Microsoft excel windows 10 foram usados para análise estatística e geração de figuras de dados.

PARTE 2

CAPÍTULO 3

3. 0 RESULTADOS

3.1. Atividade antioxidante do extrato bruto e das fracções do extrato de *Abelmoschus esculentus L.*

O DPPH é um composto de radicais livres adequado, geralmente utilizado para testar as actividades de eliminação de radicais livres de diferentes tipos de amostras. O teste de eliminação do radical DPPH depende principalmente da capacidade de um composto doar átomos de hidrogénio, estabilizando assim os radicais livres que, por sua vez, impedem a oxidação de biomoléculas (Kusuma et al; 2014). Embora o radical DPPH não esteja em conformidade com quaisquer compostos biológicos (e, portanto, tem um significado relativamente pequeno em organismos vivos), no entanto, o ensaio DPPH é geralmente considerado como um indicador da capacidade dos extractos de plantas para extinguir os radicais livres, bem como o seu átomo de hidrogénio ou capacidade de doação de electrões, na ausência de qualquer ação enzimática (Mileva et al; 2014). A razão mais vantajosa para a utilização de DPPH na avaliação das actividades antioxidantes in vitro de medicamentos e extractos de plantas deve-se à sua maior estabilidade do que os radicais hidroxilo e superóxido (Li et al; 2009). Por conseguinte, as actividades antioxidantes exibidas pelos extractos através das capacidades de eliminação de DPPH.

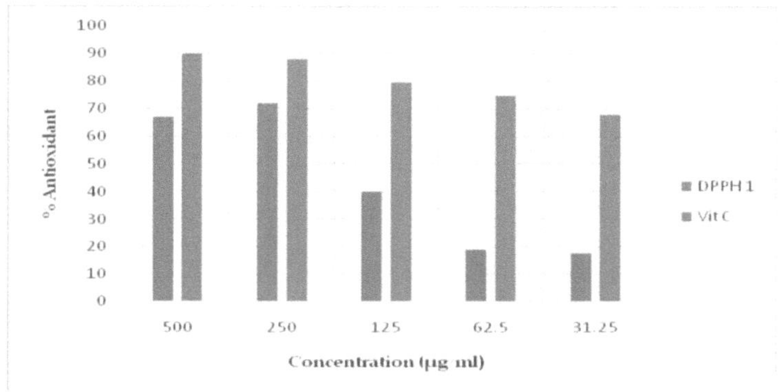

Figura 3.2: Actividades percentuais de eliminação do radical DPPH do extrato

bruto de *Abelmoschus esculentus L.* (semente de quiabo ou OS). Os valores são
apresentados como média ± desvio padrão de triplicados. Os valores com elevada
concentração de atividade são significativamente diferentes a P < 0,05.

Pode dizer-se que a Figura 3.2 se deve predominantemente à sua
capacidade de doação de átomos de hidrogénio ou de electrões. A
capacidade de doação de hidrogénio pode igualmente ser atribuída à
presença de compostos fenólicos nos extractos, uma vez que estes
metabolitos secundários possuem actividades antioxidantes (Gruz et al;
2011). Por conseguinte, é racional deduzir que a maior atividade do
extrato bruto de *Abelmoschus esculentus L.* pode ser o resultado de
concentrações mais elevadas de fenólicos no extrato bruto. A
capacidade de doação de electrões dos antioxidantes nos extractos
brutos é geralmente reproduzida pela capacidade de esses antioxidantes
reduzirem o ferro (Fe) no estado de oxidação de Fe3+ a Fe2+. Por
conseguinte, quanto maior for a atividade dos antioxidantes, maior será
a capacidade de doar electrões (capacidade de redução) (Amari et al;
2014). Por conseguinte, as actividades significativas dos extractos
sugerem que estes foram capazes de reduzir o Fe3+ a Fe2+, revelando
a sua capacidade de doação de electrões, o que, por sua vez, sugere a
possibilidade de utilizar os extractos na prevenção da oxidação de
biomoléculas nas células.

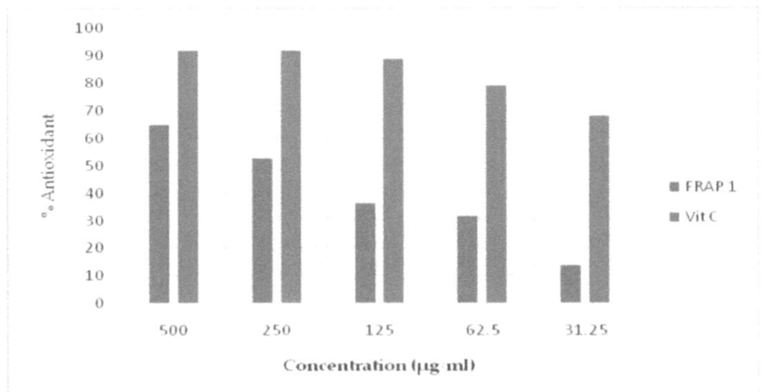

Figura 3.3: Poderes redutores férricos percentuais do extrato bruto de
Abelmoschus esculentus L. (semente de quiabo ou OS). Os valores são

apresentados como média ± desvio padrão de triplicados. Os valores com elevada concentração de poder redutor férrico são significativamente diferentes a P < 0,05.

Os resultados obtidos para o extrato de *Abelmoschus esculentus L.* e a percentagem de inibição obtida na figura 3.3 foram mais elevados. As mesmas razões mencionadas no ensaio de eliminação do radical DPPH podem também ser responsáveis pelas diferenças registadas neste ensaio. No entanto, o extrato de *Abelmoschus esculentus L.* apresentou um poder redutor férrico significativo figura 3.

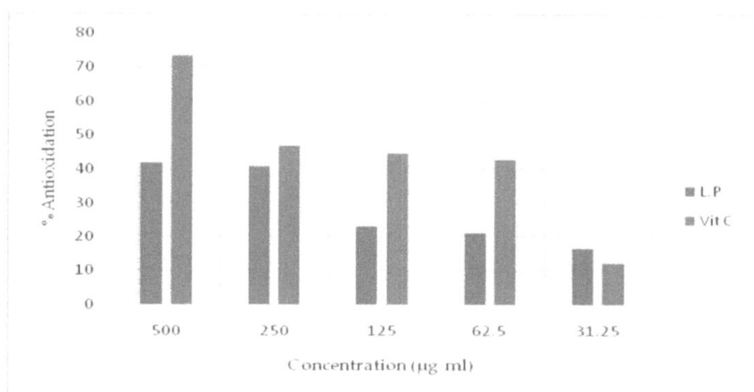

Figura 3.4: Actividades inibitórias percentuais de extractos brutos de *Abelmoschus esculentus L.* (semente de quiabo ou OS) na peroxidação lipídica (L.P). Os valores são apresentados como média ± desvio padrão de triplicados. Os valores com maior concentração de atividade de peroxidação lipídica são significativamente diferentes a P < 0,05.

A peroxidação lipídica foi descrita como uma degradação oxidativa dos lípidos, um processo em que os radicais livres retiram electrões dos lípidos da membrana celular (isto afecta principalmente os ácidos gordos polinsaturados devido à presença de ligações duplas). Foi proposto que o processo de peroxidação lipídica ocorre através de uma reação em cadeia de radicais livres, que tem sido associada a danos nas biomembranas celulares (Halliwell, 1989). Foi estabelecido que os danos causados influenciam as condições de doença de muitos indivíduos, tais como doenças cardiovasculares, cancro e diabetes (Usuk et al; 1981). Por conseguinte, a capacidade dos extractos para inibir significativamente a peroxidação lipídica do homogenato de ovo implica que foram capazes de extinguir as acções dos radicais livres, impedindo a conceção dos electrões dos lípidos da membrana celular pelos radicais livres e, por conseguinte, podem ser utilizados para proteger os seres humanos de doenças crónicas e outras doenças relacionadas com o stress oxidativo.

Na figura 3.4, o resultado mostrou um aumento da inibição no L.P com um aumento correspondente na concentração. Embora o antioxidante padrão tenha sido mais elevado em todas as concentrações (500 a

62,5pg/ml), exceto na concentração mais baixa de 31,25 pg/ml.

Os resultados obtidos neste estudo sugerem que os extractos brutos de *Abelmoschus esculentus L.* possuem actividades antioxidantes e podem, portanto, ser utilizados no tratamento e gestão de doenças relacionadas com o stress oxidativo.

3.2 Efeito antioxidante do DPPH 2, FRAP 2 e peroxidação lipídica 2 nas fracções de extrato

Tabela 3.1: Apresenta a percentagem de atividade antioxidante das fracções do extrato DPPH 2.

µg/ml	% OH1	% OH2	% OA	% OE	% Vit C
500	48.21	38.42	40.33	59.19	82.58
250	43.44	24.11	44.15	46.54	53.22
125	42.96	19.09	36.28	37.71	46.3
62.5	40.81	16.47	23.87	41.05	47.02
31.25	25.78	6.92	18.62	42.96	45.58

A percentagem de atividade antioxidante de eliminação (também referida como DPPH) das fracções do extrato, na tabela 3.1, mostrou uma diminuição da capacidade antioxidante de eliminação com a diminuição da concentração da fração do extrato. A fração do extrato OE (59,19%) revelou uma atividade antioxidante percentual mais elevada em comparação com as outras fracções particionadas. Toda a atividade mais elevada foi exibida na concentração de 500pg/ml.

Tabela 3.4: Apresenta a percentagem do poder antioxidante redutor férrico (FRAP) das fracções do extrato.

µg/ml	% OH1	% OH2	% OA	% OE	% Vit C
500	85.29	65.35	78.62	93.62	95.25
250	80.47	61.94	63.99	92.06	95.25
125	62.48	23.22	57.73	83.56	93.42
62.5	48.4	32.22	46.6	74.58	86.37
31.25	36.1	17.12	34.64	60.46	77.28

A percentagem de poder antioxidante redutor férrico (FRAP) das fracções do extrato, na tabela 3.4, mostra um aumento da capacidade percentual FRAP com o aumento da concentração da fração do extrato. A fração do extrato OE (93,62%) produziu uma capacidade percentual FRAP muito elevada em comparação com as outras fracções. No entanto, as outras fracções também foram muito elevadas em concentrações de 500pg/ml e 250pg/ml, respetivamente.

Tabela 3.5: Mostra a percentagem de atividade inibidora de antioxidantes das fracções do extrato Peroxidação lipídica (L.P).

µg/ml	% OH1	% OH2	% OA	% OE	% Vit C
500	70.54	57.91	59.52	84.59	91.36
250	65.26	49.13	55.52	72.97	84.58
125	61.19	46.23	48.6	62.03	72.97
62.5	59.51	15.71	46.17	58.01	65.28
31.25	49.19	9.26	26.92	42.69	49.25

A percentagem de atividade inibidora de antioxidantes (também referida como peroxidação lipídica) para todas as fracções de extrato na tabela 3.5 mostrou um aumento da atividade inibidora com o aumento da concentração da fração de extrato. As fracções de extrato OE (84,59%) e OH (70,54%) apresentaram uma capacidade inibitória mais elevada do que as outras fracções de extrato. O antioxidante padrão foi superior às fracções de extrato em todas as concentrações dos ensaios antioxidantes (isto é, DPPH, FRAP e peroxidação lipídica).

3.3 Efeito antidiabético do extrato bruto em células de levedura

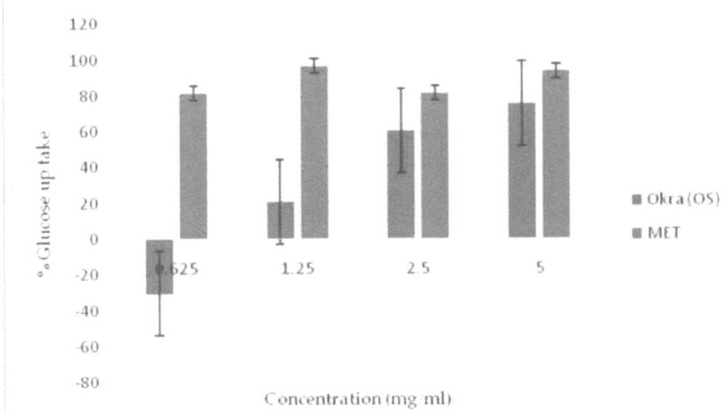

Figura 3.5: Captação de glicose pelas células de levedura a uma concentração inicial de glicose de 5 mM/L na presença de SO; extrato bruto de *Abelmoschus esculentus L.* (sementes de quiabo ou SO); o metronidazol (MET) é um medicamento sintético para a diabetes. As barras de erro representam ± SE de dados triplicados. As barras são significativamente diferentes a *P* = 0,05.

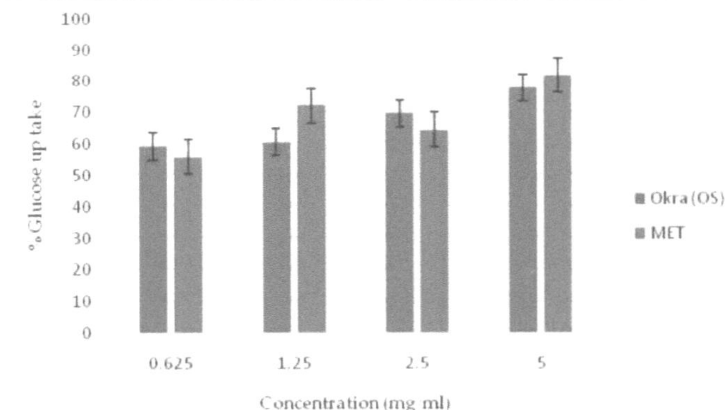

Figura 3.6: Captação de glicose pelas células de levedura a uma concentração inicial de glicose de 10 mM/L na presença de SO; extrato bruto de *Abelmoschus esculentusL.* (sementes de quiabo ou SO); o metronidazol (MET) é um medicamento sintético para a diabetes. As barras de erro representam ± SE de dados triplicados. As barras são significativamente diferentes a *P* = 0,05.

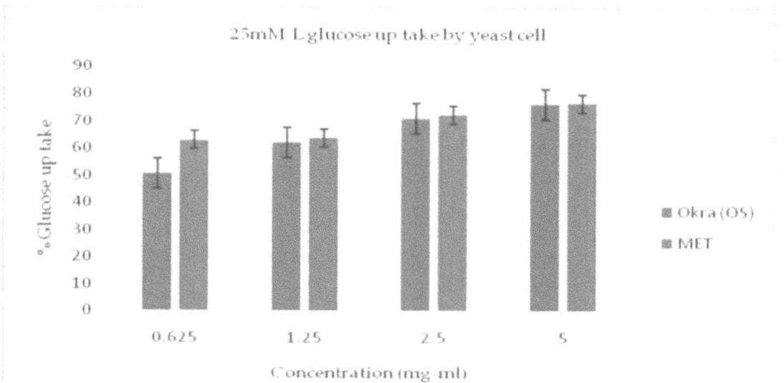

Figura 3.7: Captação de glicose pelas células de levedura a uma concentração inicial de glicose de 25 mM/L na presença de SO; extrato bruto de *Abelmoschus culentus L.* (sementes de quiabo ou SO); o metronidazol (MET) é um medicamento sintético para a diabetes. As barras de erro representam ± SE de dados triplicados. As barras são significativamente diferentes a $P = 0,05$

Efeito do extrato bruto de *Abelmoschus esculentus L.* na capacidade de absorção de glucose pelas células de levedura. O extrato bruto de *Abelmoschus esculentus L.* estimulou a absorção de glicose através da membrana parcialmente, mas não totalmente, permeável das células de levedura, como mostram as figuras 3.5, 3.6 e 3.7, respetivamente. A absorção de glucose a uma concentração inicial de 5mM/L e 10mM/L pelo extrato bruto de *Abelmoschus esculentus L.* foi consistente com a do medicamento padrão conhecido (figuras 5 e 6). No entanto, o efeito do metronidazol na absorção de glicose pela célula de levedura a uma concentração de glicose de 25 mM/L foi igual ao do extrato bruto de *Abelmoschus esculentus L.* (figura 3.7).

Além disso, a 0,625 mg/ml, as equações lineares e o R^2 mostram que o extrato foi mais previsível em termos de dose do que o medicamento padrão, conforme demonstrado pela equação; y = 35,751x - 57,815, e R^2 = 0,9502 (95%) para Abelmoschus esculentus L., enquanto y = 2,1324x + 82,881, e R2 = 0,1213 (12,1%) para o Metronidazol quando foram utilizados 5 mg/mL de extrato bruto de Abelmoschus esculentus

L. (figura 3.5). Isto sugere que o aumento da concentração do extrato bruto de *Abelmoschus esculentus L.* aumentou o potencial das células de levedura para absorverem mais glucose do ambiente; no entanto, o medicamento padrão, embora tenha mostrado uma elevada capacidade de absorção de glucose, teve uma previsibilidade muito baixa da dose do medicamento em comparação com os extractos, tal como confirmado pelo valor R^2 muito baixo de 12,1% contra o valor R^2 do extrato bruto de 92,3%, respetivamente. Por outro lado, as figuras 3.6 e 3.7 mostram um aumento linear da absorção de glucose pelas células de levedura com um aumento gradual da concentração do extrato bruto. No entanto, foi observada uma correlação inversa com a concentração molar de glucose, quando a absorção de glucose pelas células de levedura foi comparada entre 5mM/L, 10mM/L e 25mM/L para a quantidade semelhante de extrato bruto de Abelmoschus esculentus L., (figuras 3.5, 3.6 e 3.7).

3.4 Efeito antidiabético das fracções do extrato em células de levedura

Tabela 3.6: Mostrando a capacidade de absorção de glucose a uma concentração de 5mM/L.

µg/ml	% OH1	% OH2	% OA	% OE	% MET
500	58.13	49.82	48.5	70.66	88.18
250	55.93	42.29	44.49	66.54	81.93
125	33.34	34.1	42.15	55.53	76.5
62.5	28.05	27.99	37.31	50.27	54.29
31.25	18.43	23.64	34.93	40.48	49

Tabela 3.7: Mostrando a capacidade de absorção de glucose a uma concentração de 10mM/L.

μg/ml	% OH1	% OH2	% OA	% OE	% MET
500	75.97	76.5	64.57	73.4	92.35
250	68.59	71.32	63.39	59.56	89.37
125	64.09	62.42	60.11	51.59	85.39
62.5	57.33	58.54	54.59	44.63	71.21
31.25	55.56	56.9	49.64	43.88	57.47

Tabela 3.8: Mostrando a capacidade de absorção de glucose a uma concentração de 25mM/L.

µg/ml	% OH1	% OH2	% OA	% OE	% MET
500	60.07	67.54	63.49	70.15	97.43
250	54.92	64.27	58.52	74.55	93.67
125	49.65	63.92	56.12	79.55	74.09
62.5	42.97	51.51	52.83	81.58	69.91
31.25	41.63	44.68	48.42	81.65	64.86

Notavelmente, nas tabelas 3.6, 3.7 e 3.8, a fração OE foi superior a todas as outras fracções do extrato. Mas, na tabela 8, a fração OE do extrato foi superior ao fármaco padrão a concentrações inferiores da fração do extrato de 125gg/ml (79,55%), 62,5gg/mL (81,58%), 31,25gg/ml (81,65%), respetivamente. Isto mostrou uma tendência diferente de aumento da percentagem de absorção de glucose com uma diminuição da concentração da fração do extrato.

PARTE 2

CAPÍTULO 4

4.0 DISCUSSÃO E CONCLUSÃO

4.1 DISCUSSÃO

A diabetes mellitus (DM) tem uma relação próxima com várias anomalias alimentares; uma das maiores anomalias é o stress oxidativo. As formações biológicas e químicas apresentaram um grupo melhorado de espécies reactivas de oxigénio (ROS) no interior das células e dos tecidos das pessoas que sofrem de hiperglicemia (Atlas, 2013). Consequentemente, as ERO são confrontadas com a existência de antioxidantes fortes no corpo de um indivíduo com diabetes, o que é importante, uma vez que um antioxidante tem a capacidade de atrasar ou interromper totalmente a oxidação de constituintes adicionais. Ao longo deste processo, o ensaio de eliminação do radical livre DPPH está entre as análises antioxidantes mais populares, tendo sido apresentado pela primeira vez por Marsden Blois da Universidade de Stanford em 1958. Numerosos investigadores aplicaram esta técnica para estudar a perspetiva antioxidante de medicamentos padrão e nutracêuticos habituais. Brand Williams e os seus colaboradores apresentaram uma forma melhorada da técnica de Blois em 1995, que é utilizada como exemplo por vários grupos de investigadores ultimamente (Lebeau et al; 2000). Do mesmo modo, os indicadores da provável possibilidade antidiabética de um medicamento são avaliados através de numerosas análises in vitro, desde que sejam apresentadas provas da sua possibilidade antidiabética in vivo. Além das avaliações antioxidantes, (Marinova e Batchvarov, 2011), numerosas análises adicionais de indicadores incluem (i) a perspetiva de captação de glicose através da membrana plasmática semelhante à das células de levedura, (Bhutkar e Bhise, 2013) outras como as células adiposas, (Gulati et al; 2015) ou células do músculo; (Rajeswari e Sriidevi, 2014) (ii) capacidade de glicose tomada na superfície; (Gulati et al; 2015) (iii) a paragem das enzimas α-amilase e βglucosidase estão principalmente envolvidas em investigações in vivo. O facto de as fracções do extrato neste estudo terem uma elevada atividade antioxidante (figuras 3.4 a 3.5 e tabelas 3.5 a 3.6) sugere que estas fracções, ao ajudarem o doente diabético, podem estar a atuar de uma ou mais formas, ajudando a eliminar os radicais livres, no processo de cura de qualquer inflamação no pâncreas, de modo a que a insulina possa ser melhor libertada. Outra forma de explicar o mecanismo pode ser inibindo os radicais livres de bloquear a membrana celular; no processo, parando a flexibilidade da membrana celular. Além disso, (Srividhya et al; 2017) relatou que um agente diabético pode exercer um efeito benéfico, aumentando a secreção de insulina, melhorando e imitando a ação da insulina. Esta afirmação está de acordo com os resultados desta investigação, uma vez que as fracções do extrato facilitam a cura da inflamação no pâncreas para uma melhor libertação de insulina e, no processo, desbloqueiam a membrana celular para a captação de glicose.

As propriedades antidiabéticas e antioxidantes do extrato de metanol e das fracções do extrato podem ser atribuídas à presença de compostos bioactivos que podem estar presentes em *Abelmoschus esculentus L.* (semente de quiabo ou OS) (Gray e Flatt, 1997a). Trabalhos de investigação anteriores identificaram compostos bioactivos nos extractos que incluem quercetina 3- O-glucosil (1→6) glucosídeo (QDG) e quercetina 3- Oglucosídeo (QG) oxaciclododecano 2-ona, imidazol, amentoflavona, bioflavonóides, eugenol, cariofileno, -copaeno, azuleno, dodecatetraenamida e fenetilamina (Shui e Leong, 2004; Atawodi et al; 2009; Rajagopal et al; 2013; Kadhim et al; 2016, Rehman; 2018). Assim, a existência de algumas destas misturas no extrato poderia ajudar na aplicação de glicose na presente investigação. Geralmente, a aplicação de glicose pelos músculos dos esqueletos deve-se ao aumento de moléculas eficientes de transporte de glicose na membrana da célula.

As moléculas transportadoras de glicose são controladas pelos leptócitos e miócitos em resposta à grande libertação de insulina no sangue, provocando um resultado de baixo nível de açúcar no sangue (Rajeswari e Sriidevi, 2014). Por outro lado, a investigação sobre o resultado dos medicamentos na diminuição do açúcar no sangue imediatamente após uma refeição tem sido uma das partes significativas no controlo da hiperglicemia, que é um método de cura adequadamente concebido até à data. Além disso, a aplicação de glucose pelas células de levedura pode ser diferente da de outras células multicelulares. O transporte da glicose através da membrana da levedura pode incluir um fluxo habilitado, mais do que a facilitação de uma transferência de fosfato de um catalisador biológico ou de um sistema proteico ou qualquer outro método desconhecido. A aplicação de glicose pelas células de levedura pode ser exagerada por numerosas alterações, como a concentração de glicose classificada nas células ou a posterior decomposição da glicose. Se a maior parte do açúcar interior for transformado livremente em substâncias adicionais, a concentração interior de glucose diminui e a captação de glucose para a célula continua a ser elevada. Do mesmo modo, é possível que a absorção de glicose pelas células de levedura na presença do extrato se deva tanto a uma difusão facilitada como a uma maior degradação da glicose. Será certamente muito interessante descobrir a ação das fracções habituais do extrato in vivo, (estas investigações actuais enfatizam que poderiam ajudar a melhorar a absorção da glicose pelas células dos tecidos musculares e adiposos do corpo. O extrato pode fixar eficazmente a glicose e transportá-la através da membrana da célula para posterior decomposição. Esta descoberta está correlacionada com o relatório de (Rehman et al; 2018).

As fontes de proteína de base vegetal em relação à insulina permitem a conservação do contorno glicémico, o que pode continuar a ser uma fonte de atenção na perspetiva da diabetes tipo 2. No entanto, o seu mecanismo de ação é incerto, o que está de acordo com a investigação de Costa et al (2020).

Além disso, a fração do extrato de sementes de quiabo apresentou uma atividade anti-inflamatória ao bloquear a possível via da membrana e, por conseguinte, ajudar na cicatrização do pâncreas, diminuir a expressão de factores inflamatórios associados e aumentar a libertação de insulina; isto é consistente com o trabalho de (Mengxin et al; 2022, e Gulali et al; 2023).

4.2 CONCLUSÃO

As fracções do extrato foram activas como candidatos a fármacos tanto em concentrações altas como baixas e foram melhores em comparação com o fármaco padrão e o antioxidante padrão foi comparável. A partir dos resultados, pode concluir-se que quanto maior for a concentração do extrato na solução, maior será a absorção de glucose pelas células de levedura. Além disso, os medicamentos padrão estão sobrecarregados de efeitos secundários, em comparação com os nutrientes das fracções do extrato, que são naturais e sem efeitos secundários.

É necessária mais investigação para encapsular separadamente as fracções de extrato altamente bioactivas e codificá-las de acordo com as suas diferentes funções como candidato a medicamento para diabéticos. Serão necessários mais estudos para monitorizar o desempenho in vivo das fracções de extrato e ensaios subsequentes.

Declaração do Conselho de Revisão Institucional

O estudo foi realizado de acordo com a Declaração de Helsínquia e aprovado pelo Conselho de Revisão Institucional da Universidade de Nicósia; a data de aprovação é 15 de janeiro de 2020.

Financiamento

Esta investigação não recebeu qualquer financiamento externo

ORCID iD: https://orcid.org/00001-8794-5960

REFERÊNCIAS

Amari, N. O. *et al.* (2014) "Rastreio fitoquímico e capacidade antioxidante das partes aéreas de Thymelaea hirsuta L.", *Asian Pacific Journal of Tropical Disease,* 4(2), pp. 104-109. doi: 10.1016/S2222-1808(14)60324-8.

Atlas, I. D. (2013) "Bruxelas, Bélgica: federação internacional de diabetes", *Federação Internacional de Diabetes* (IDF) 2014.

Atawodi, S. E.; Atawodi, J. C.; Idakwo, G. A. (2009) "Composição de polifenóis e potencial antioxidante do fruto de Hibiscus esculentus L. cultivado na Nigéria," *Journal of Medicinal Food;* 12(6), pp. 1316-1320.

Arapitsas, P. (2008) "Identification and quantification of polyphenolic compounds from okra seeds and skins", *Food Chemistry,* 110(4), pp. 1041-1045. doi: 10.1016/j.foodchem.2008.03.014.

Adelakun, O. E. *et al.* (2009) "Composição química e propriedades antioxidantes da farinha de sementes de quiabo da Nigéria (Abelmoschus esculentus Moench)", *Food and Chemical Toxicology.* Elsevier Ltd, 47(6), pp. 1123-1126. doi: 10.1016/j.fct.2009.01.036.

Adelakun, O. E.; Oyelade e O. J. (2011) *Propriedades Químicas e Antioxidantes da Semente de Quiabo (Abelmoschus esculentus Moench). Em Nuts and Seeds in Health and Disease Prevention*; Preedy, V. R., Watson, R. R., Patel, V. B., Eds.; Academic Press: Cambridge, MA, EUA, pp. 841-846.

Akpovona, A. E. *et al.* (2016) "Estudos de toxicidade aguda e subcrónica do extrato de etanol da casca do caule de Terminalia macroptera em ratos albinos wistar", *Journal of Medicine andBiomedical Research,* 15(1), pp. 62-73. doi: 10.1055/s-0036-1596308.

Aziz, M. A. *et al.* (2016) 'The association of oxidant-antioxidant status in patients with chronic renal failure', *Renal Failure,* 38(1), pp. 20-26. doi: 10.3109/0886022X.2015.1103654.

Balogun, J. B. *et al.* (2017) 'Potencial Anti-Trypanosomal In Vivo do Extrato de Raiz de Metanol de Terminalia macroptera (Guill. E Perr.) Em Rato Wistar Infetado com Trypanosoma Brucei Brucei', IOSR *Journal Pharmarcy Biological Sciences;* 12(5) pp. 12-17.

Benov, L.; Beema, A. F. (2003) 'Superoxide dependence of the short chain sugars induced mutagenesis,' *Free Radical Biology and Medicine*; 34 pp. 429-433.

Bagchi, K.; Puri, S. (1998) "Free radicals and antioxidants in health and disease: A review,' *Eastern Mediterranean Health Journal*; 4(2) pp. 350-360.

Benchasr, S. (2012) O quiabo (Abelmoschus esculentus (L.) Moench) como um valioso vegetal do mundo. *Ratar. Pobreza,* 49, pp. 105-112.

Bhutkar, M. e Bhise, S. (2013) "Efeitos hipoglicémicos in vitro de Albizzia lebbeck e Mucuna pruriens", *Asian Pacific Journal of Tropical Biomedicine,* 3(11), pp. 866-870. doi: 10.1016/S2221-1691(13)60170-7.

103

Caluete, M. E. E. *et al.* (2014) Estado nutricional, antinutricional e fitoquímico das folhas de quiabo (Abelmoschus esculentus) submetidas a diferentes processos. *Revista Africana de Biotecnologia,* 14, pp. 683-687.

Costa, Izael S.; Medeiros, Amanda F.; Piuvezam, Grasiela; Medeiros, Gidyenne C. B. S.; Maciel, Bruna L. L.; Morais, Heloneida Ana A. (2020) 'Insulin-Like Proteins in Plant Sources: Uma Revisão Sistemática'. *Revista Diabetes, Síndrome Metabólica e Obesidade: Targets and Therapy;* 13, pp. 3421 - 3431.

Centers for Disease Control and Prevention (2011) National diabetes fact sheet, 2011. www.cdc.gov/diabetes/pubs/pdf/ndfs_2011.pdf. Acedido em 15 de janeiro de 2015

Cirillo, V. P. (1962) "Mechanism of glucose transport across the yeast cell membrane", *Journal of Bacteriology;* 84(3), pp. 485- 491.

Durazzo, A. *et al.* (2019) "Abelmoschus esculentus (L.): Propriedades benéficas dos componentes bioativos - com foco no papel antidiabético - para aplicações de saúde sustentáveis', *Molecules,* 24(1). doi: 10.3390/molecules 24010038

Durazzo, A. (2017) "Abordagem de estudo das propriedades antioxidantes nos alimentos: Atualização e considerações", *Foods,* 6(3), pp. 1-7. doi: 10.3390/foods6030017.

Dong, Z.*et al.* (2014) O óleo gordo da semente de quiabo: Extração supercrítica de dióxido de carbono, composição e atividade antioxidante; *Current Topics in Nutrition Research,* 12, pp. 75-84.

Eleazu, C. . e Okafor, P. . (2012) 'Antioxidant effect of unripe plantain (Musa paradisiacae) on oxidative stress in alloxan-induced diabetic rabbits', *International Journal of Medicine and Biomedical Research,* 1(3), pp. 232-241. doi: 10.14194/ijmbr.1311.

Gray, A. M. e Flatt, P. R. (1997a) 'Nature's own pharmacy: the diabetes perspective',

Actas da Sociedade de Nutrição; 56, pp. 507-517.

Gruz, J. *et al.* (2011) "Phenolic acid content and radical scavenging activity of extracts from medlar (Mespilus germanica L.) fruit at different stages of ripening", *Food Chemistry.* Elsevier Ltd, 124(1), pp. 271-277. doi: 10.1016/j.foodchem.2010.06.030.

Gulati, V. *et al.* (2015) 'Exploring the anti-diabetic potential of Australian Aboriginal and Indian Ayurvedic plant extracts using cell-based assays', *BMC Complementary and Alternative Medicine,* 15(1), pp. 1-11. doi: 10.1186/s12906-015-0524-8.

Gemede, H. F. *et al.* (2016) "Composições aproximadas, minerais e antinutrientes de acessos de vagens de quiabo (Abelmoschus esculentus) indígenas: implicações para a biodisponibilidade mineral", *Ciência Alimentar e Nutrição,* 4(2), pp. 223-233. doi: 10.1002/fsn3.282.

Gould, G. W. Holman, G. D. (1993) "The glucose transporter family: Structure, function and tissue-specific expression,' *Biochemistry Journal;* 295 pp. 329- 341.

Gulali Aktas , Burcin Meryem Atak Tel , Ramiz Tel , Buse Balci (2023) Treatment of type 2 diabetes patients with heart conditions. Revisão de Especialistas em Endocrinologia e Metabolismo; 18(3), pp. 255-265.

Habtamu, F. *et al.* (2014) "Qualidade nutricional e benefícios para a saúde do quiabo (Abelmoschus esculentus): A review", *Journal of Food Science, Quality control and Management;* 33, pp. 8796.

Hu, L. *et al.* (2014) "Atividade antioxidante do extrato e dos seus principais constituintes da semente de quiabo em hepatócitos de ratos lesionados por tetracloreto de carbono", *BioMedResearch International,* 2014. doi: 10.1155/2014/341291.

Halliwell, B. (1995) *Como caraterizar um antioxidante:* uma atualização. Em Biochemical Society Symposia 61, pp. 73-101). Portland Press Limited.

Halliwell, B. (1989) "Protection against tissue damage in vivo by desferrioxamine: What is its mechanism of action?", *Free Radical Biology and Medicine,* 7(6), pp. 645-651. doi: 10.1016/0891-5849(89)90145-7.

Jothy, S. L. *et al.* (2011) "Isolamento dirigido por bioensaio de compostos activos com atividade anti-leveduras de um extrato de sementes de Cassia fistula", *Molecules,* 16(9), pp. 7583-7592. doi: 10.3390/molecules16097583.

Jain, N. *et al.A Review on: Abelmoschus esculentus.* 2012; *11 11.*

Joost, H. G. *et al.* (2002) "Nomenclature of the GLUT/SLC2A family of sugar/polyol transport facilitators", *American Journal of Physiology - Endocrinology and Metabolism;* 282 pp.
E974E976 Jarret, R. L., Wang, M. L. and Levy, I. J. (2011) 'Seed oil and fatty acid content in okra (Abelmoschus esculentus) and related species', *Journal of Agricultural and Food Chemistry,* 59(8), pp. 4019-4024. doi: 10.1021/jf104590u.

Kwon, Y. I. *et al.* (2007) "Health benefits of traditional corn, beans, and pumpkin: In vitro studies for hyperglycemia and hypertension management", *Journal of Medicinal Food,* 10(2), pp. 266-275. doi: 10.1089/jmf.2006.234.

Kapoor, S. K. e Anand, K. (2002) "Nutritional transition: a public health challenge in developing countries", *Journal of Epidemiology and Community Health,* 56, pp. 804-805.

Krishnamurthy, P.; Wadhwani, A. (2012) "Enzimas antioxidantes e saúde humana". In: El-Misery MA, editor. Antioxidant Enzyme", *Croácia: In Tech;* 2012. pp. 3-18.

Kumar, S. (2011) 'Free radicals and antioxidants: Human and food system,' *Advanced in Applied Science Research*; 2(1) pp. 129-135.

Kadhim, M. J.; Mohammed, G. J.; Hameed, I. H. (2016) 'Análise antibacteriana, antifúngica e fitoquímica in vitro do extrato metanólico da fruta Cassia fstula',

Oriental Journal of Chemistry; 32(3), pp. 1329-1346.

Kusuma, I. W.; Arung, E. T. e Kim, Y. U. (2014) 'Propriedades antimicrobianas e antioxidantes de plantas medicinais usadas pela tribo Bentian da Indonésia', *Food Science and Human Wellness;* 3(3-4) pp. 191-196.

Kabir, O. A., Olukayode, O., Chidi, E. O., Christopher, C., I, Kehinde, A. F. (2005) 'Screening of crude extracts of six medicinal plants used in South-West Nigerian unorthodox medicine for anti-methicillin resistant Staphylococcus aureus activity· ,BMC Complementary and Alternative Medicine;5:6.

Lü, J. M. *et al.* (2012) "Mecanismos químicos e moleculares dos antioxidantes: Experimental approaches and model systems,' *Journal of Cellular and Molecular Medicine;* 14(4) pp. 840860.

Liao, H.*et al.* (2012) 'Análise e comparação dos componentes activos e actividades antioxidantes de extractos de Abelmoschus esculentus L.', *Pharmacognosy Magazine;* 8, pp. 156161.

Lawal, B. *et al.* (2015) "Potential antimalarials from African natural products: a review", *Journal of InterculturalEthnopharmacology,* 4(4), p. 318. doi: 10.5455/jice.20150928102856.

Li, W. *et al.* (2009) "Avaliação da capacidade antioxidante e da qualidade aromática do leite materno", *Nutrition.* Elsevier Inc., 25(1), pp. 105-114. doi: 10.1016/j.nut.2008.07.017.

Lebeau, J. *et al.* (2000) "Antioxidant properties of di-tert-butylhydroxylated flavonoids", *Free Radical Biology and Medicine,* 29(9), pp. 900-912. doi: 10.1016/S0891-5849(00)00390-7.

Law, B. M. H.*et al.* (2017) 'Hipóteses sobre o potencial da ingestão de farelo de arroz para prevenir o cancro gastrointestinal através da modulação do stress oxidativo', *International Journal of Molecular Sciences;* 18 pp. 1-20.

Medina, R. A. Owen, G. I. (2002) "Glucose transporters: Expression, regulation and cancer,' *Biological Research;* 35 pp. 9-26.

Marinova, G.; Batchvarov, V. (2011) "Evaluation of the methods for determination of the free radical scavenging activity by DPPH", *Bulgarian Journal of Agricultural Science;* 17(1), pp. 1124.

Mengxin Li, Junhui Wang, Yunfang Ye, Shanqiang Xiong, Yong Liu (2022) 'Caracterização estrutural e atividade anti-inflamatória de um polissacárido de pectina AP2-c do quiabo lignificado. Journal of Food Biochemistry; 46(9): e14380.

Mileva, M.*et al.* (2014) "Composição química, actividades antirradicalares e antimicrobianas in vitro do óleo essencial de Rosa alba L. da Bulgária contra alguns agentes patogénicos orais," *International Journal of Current Microbiology and Applied Science;* 3(7) pp. 11-20.

Mihretu, Y.; Wayessa, G e Adugna, D. (2014) 'Análise Multivariada entre a Coleção de Quiabos (Abelmoschus esculentus (L.) Moench) no Sudoeste da Etiópia' *Journal of Plant Science;* 9, pp. 43-50.

Maganha, E. G. *et al.* (2010) 'Pharmacological evidences for the extracts and secondary metabolites from plants of the genus Hibiscus', *Food Chemistry,* 118(1), pp. 1-10. doi: 10.1016/j.foodchem.2009.04.005.

Messing, J. *et al.* (2014) 'Antiadhesive properties of Abelmoschus esculentus (okra) immature fruit extract against Helicobacter pylori adhesion', *PLoS ONE,* 9(1). doi: 10.1371/journal.pone.0084836.
Mfotie Njoya E, Weber C, Hernandez-Cuevas NA, Hon CC, Janin Y, Kamini MFG (2014). Fracionamento guiado por bioensaio de extractos de Codiaeum variegatum contra Entamoeba histolytica descobre compostos que modificam a expressão de genes relacionados com a biossíntese de ceramidas,' *PLoS Neglected Tropical Diseases;* 8(1):29.

Moyin-Jesu, E. I. (2007) 'Use of plant residues for improving soil fertility, pod nutrients, root growth and pod weight of okra (Abelmoschus esculentum L)', *Bioresource Technology,* 98(11), pp. 2057-2064. doi: 10.1016/j.biortech.2006.03.007.

Madaki FM, Kabiru AY, Mann A, Abdulkadir A, Agadi JN, Akinyode AO (2016).
Phytochemical Analysis and In-vitro Antitrypanosomal Activity of Selected Medicinal Plants in Niger State, Nigeria,' *International Journal of Biochemistry Research & Review* CRR, 11(3): 17; Artigo no. IJBCRR.24955.

Onukogu, S. C.*et al.* (2019) "Antioxidantes in vitro, antimicrobianos e resposta bioquímica do extrato de folha de metanol de Eucalyptus camaldulensis após administração subaguda a ratos", *Saudi Journal of BiomedicalResearch;* 4(11) pp. 405-11.

Odebode, F. D. *et al.* (2017) 'Composição nutricional, potencial antidiabético e antilipidémico de misturas de farinha feitas de banana verde, bagaço de soja e farelo de arroz', *Journal of Food Biochemistry,* pp. 1-9. doi: 10.1111/jfbc.12447.

Oyaizu, M. (1986) "Estudos sobre produtos de reacções de escurecimento: actividades antioxidantes de produtos de reacções de escurecimento preparados a partir de glucosamina", *Japanese Journal of Nutrition and Dietetics;* 44 pp. 307-315.

Petropoulos, S. *et al.* (2018) 'Composição química, valor nutricional e propriedades antioxidantes dos genótipos de quiabo do Mediterrâneo em relação ao estágio de colheita', *Food Chemistry,* 242 (julho de 2017), pp. 466-474. doi: 10.1016/j.foodchem.2017.09.082.

Popkin, B. M. (2002) "The shift in stages of the nutrition transition in the developing world differs from past experiences!", *Malaysian Journal of Nutrition,* 8(1), pp. 109-124. doi: 10.1079/PHN2001295

Polumbryk, M.; Ivanov, S.; Polumbryk, O. (2013) "Antioxidants in food systems. Mecanismo de ação". *Jornal Ucraniano de Ciência Alimentar;* 1(1) pp. 15-40.

Rehman, G. *et al.* (2018) 'Efeitos antidiabéticos in vitro e potencial antioxidante das vagens de cassia nemophila', *BioMedResearch International,* 2018. doi: 10.1155/2018/1824790.

Rajagopal, P *et al.* (2013) "Revisão fitoquímica e farmacológica sobre Cassia fstula linn. "O chuveiro dourado" *Jornal Internacional de Ciências Farmacêuticas, Químicas e Biológicas;* 3(3).

Rajeswari, R. e Sriidevi, M. (2014) "Estudo da atividade de captação de glicose in vitro de compostos isolados do extrato hidroalcoólico de folhas de Cardiospermum halicacabum linn", *International Journal of Pharmacy and Pharmaceutical Sciences,* 6(11), pp. 181-185

Roy, A., Shrivastava, S. L. and Mandal, S. M. (2014) 'Functional properties of Okra Abelmoschus esculentus L. (Moench): traditional claims and scientific evidences', *Plant Science Today,* 1(3), pp. 121-130. doi: 10.14719/pst.2014.1.3.63.
Shui, G. e Leong, L. P. (2004) "Analysis of polyphenolic antioxidants in star fruit using liquid chromatography and mass spectrometry", *Journal of Chromatography A,* 1022(1-2), pp. 67-75. doi: 10.1016/j.chroma.2003.09.055.

Srividhya, M. *et al.* (2017) 'Bioactive Amento flavone isolated from Cassia Fistula L. leaves exhibits therapeutic efficacy', *3 Biotech.* Springer Berlin Heidelberg, 7(1), pp. 1-5. doi: 10.1007/s13205-017-0599-7.

Stratton, I. M.; Adler, A. I. e Neil, H. A. (2000) "Association of glycaemia with macrovascular and microvascular complications of type 2 diabetes (UKPDS 35): prospective observational study", British Medical Journal; 321, pp. 405-412.

Sun, Q.*et al.* (2010) 'White rice, brown rice, and risk of type 2 diabetes in US men and women', *Archives of Internal Medicine,* 170, pp. 961-969.

Smit, R., Neeraj, K. e Preeti, K. (2013) Traditional Medicinal Plants Used for the Treatment of Diabetes, *International Journal of Pharmaceutical and Psychopharmacological Research,* 3 (3), pp. 171-175.

Steyn, N. P. *et al.* (2014) 'Contribuição nutricional dos alimentos de rua para a dieta das pessoas nos países em desenvolvimento: A systematic review", *Public Health Nutrition,* 17(6), pp. 1363-1374. doi: 10.1017/S1368980013001158.

Thorens, B. Mueckler, M. (2010) 'Glucose transporters in the 21st century,' American *Journal of Physiology- Endocrinology and Metabolism;* 298 pp. E141-E145.

Toiu A, Mocan A, Vlase L, Pârvu AE, Vodnar DC, Gheldiu AM, Moldovan C, Oniga I (2018). Composição fitoquímica, antioxidante, antimicrobiana e atividade anti-inflamatória in vivo de Ajuga laxmannii (Murray) Benth. (Barba de Nobre - Barba Împaratului), *"Frontier Pharmacology;* 9:7

Umar, S.I.*et al* (2019) "Actividades antioxidantes e antimicrobianas de flavonóides naturais de M. heterophylla e avaliação da segurança em ratos Wistar", *Iranian Journal of Toxicology*; 13(4) pp. 39-44.

UK Prospective Diabetes Study Group (1998) "Intensive blood-glucose control with sulphonylureas or insulin compared with conventional treatment and risk of complications in patients with type 2 diabetes (UKPDS 33) UK Prospective Diabetes Study (UKPDS) Group", *Lancet*; 352, pp. 837-853.

Usuki, R.; Endoh, Y.; Kaneda, T. (1981) "A simple and sensitive evaluation method of antioxidant activity by the measurement of ultra-weak chemiluminescence," *Nippon Shokuhin Kogyo Gakkaishi;* 28(11) pp. 583- 587.

Undie, A. S. and Akubue, P. I. (1986) 'Pharmacological evaluation of Dioscorea dumetorum tuber used in traditional antidiabetic therapy', *Journal of Ethnopharmacology,* 15(2), pp. 133- 144. doi: 10.1016/0378-8741(86)90150-9.

Organização Mundial de Saúde (2016) *Global report on diabetes,* Genebra: Autor.

Organização Mundial de Saúde (2002) *Who launches the first global strategy on traditional medicine,* Comunicado de Imprensa OMS 38, Organização Mundial de Saúde, Genebra, Suíça.
OMS (2008) *Diet, nutrition and the prevention of chronic diseases.* Relatório de uma consulta conjunta de peritos da OMS/FAO; Genebra, Suíça.

Wei, C *et al* (2016) 'Composição de ácidos graxos e avaliação das atividades anti-oxidação do óleo de semente de quiabo sob extração de ondas ultrassônicas', *Journal of Chinese Cereals and Oils Association;* 31, pp. 89 - 93.

Zadák, Z. *et al.* (2009) 'Antioxidants and vitamins in clinical conditions', *Physiological Research,* 58(SUPPL.1). doi: 10.33549/physiolres.931861.

PARTE 3
CAPÍTULO 1

Absorção de glucose in vitro em células de levedura impulsionadas por *Dioscorea dumetorum* (inhame amargo) para regulação do açúcar no sangue na diabetes tipo 2

Resumo

Foi estudada a absorção in vitro de glucose em células de levedura impulsionadas por Dioscorea dumetorum (melhor inhame) para a regulação do açúcar no sangue. Os materiais vegetais foram recolhidos para identificação, processados por secagem ao ar e armazenados. A extração com solvente foi efectuada com metanol a 80% e submetida a ultra-sons para libertar propriedades bioactivas antidiabéticas numa solução que foi separada, concentrada, congelada e particionada utilizando métodos normalizados. As fracções do extrato foram utilizadas para testar a capacidade da linha de células de levedura para absorver a glicose do sistema através de ensaios antioxidantes (DPPH, FRAP, perioxidação lipídica) e do efeito anti-diabetes da fração do extrato. Os resultados obtidos mostraram que as fracções do extrato aumentaram com o aumento da concentração (DPPH, FRAP, perioxidação lipídica e absorção de glicose) P<0,05. Verificou-se que continham uma atividade antioxidante suficientemente elevada para abrandar as doenças associadas ao stress. As fracções do extrato foram activas como candidatos a fármacos tanto em concentrações altas como baixas e foram preferidas quando comparadas com o fármaco padrão e o antioxidante padrão. É necessária mais investigação para encapsular fracções de extrato altamente bioactivas com uma nanopartícula como terapia para a diabetes tipo 2. Será também necessário um ensaio em animais para monitorizar o resultado in vivo da terapia, bem como um ensaio clínico voluntário em humanos.

Palavras-chave: Captação de glicose, Antioxidante, Dioscoreadumetorum, Fracções de extrato, e Diabetes tipo 2.

1.0 INTRODUÇÃO

A composição mineral e fitoquímica aproximada do extrato aquoso de
Dioscorea dumetorum (inhame amargo) contém o seguinte Proteína
bruta 6,44g%, Gordura bruta 0,75g%, Fibra bruta 15,00g%, Cinzas
totais 3,45g%, Humidade 70,04g, Hidratos de carbono 19,36%, e
energia 109,5kcal/100g. Potássio 17.036,00ppm (parte por milhão),
Magnésio 1.630,50ppm, Sódio 521,00ppm, Cálcio 484,50ppm, Ferro
204,75ppm, Manganês 55,25ppm, Cobre 17,40ppm, Zinco 10,70ppm,
e Fósforo 11,55ppm. Além disso, os flavonóides, alcalóides, saponinas
e glicosídeos cardíacos estão presentes em pequenas quantidades. Ao
mesmo tempo, os taninos e as antraquinonas estão ausentes (Nimenibo
e Oriakhi, 2017).

Figura 1.1: Tubos de *Dioscorea dumetorum* (Inhame amargo)

A diabetes é uma doença prolongada descrita como hiperglicemia,
secreção insuficiente de insulina e afecta as vias metabólicas (hidratos
de carbono, proteínas e lípidos) que afecta mais de 400 milhões de
pessoas com idades a partir dos dezoito anos e que existem com
diabetes a nível mundial, sendo prevalente em países com rendimentos
baixos e médios e prevê-se que seja a sétima principal fonte de morte
até 2030 (OMS, 2016). Por outro lado, a diabetes tipo 2 é uma diabetes
não insulino-dependente, um tipo de diabetes generalizado que totaliza
até 90% de todos os casos, e é um distúrbio designado principalmente

como resistência à insulina, deficiência parcial de insulina e um aumento incomum da glicose rapidamente após uma refeição, visto como hiperglicemia pós-prandial (OMS, 2016; Kwon et al; 2007; Odebode et al; 2017).

A natureza difícil da diabetes tipo 2 nos países em desenvolvimento deve-se a mudanças na nutrição e no estilo de vida, passando de refeições tradicionais, que são ricas em nutrientes de alimentos à base de plantas, como grãos, legumes e frutas, e vegetais, para um tipo de refeições mais ocidentalizadas, ricas em açúcares, gorduras e dietas de origem animal (Popkin, 2002; Kapoor e Anand, 2002; Sun et al; 2010). Estes factores conduziram também a uma elevada prevalência de doenças prolongadas e em declínio.

O conteúdo de nutrientes das plantas alimentares no controlo da diabetes numa determinada área geográfica inclui *Digitaria exilis* (acha), Treculia Africana (fruta-pão), feijoeiro (feijão), e (Eleazu e Okafor, 2012) outros são *Dioscorea dumetorum* (inhame amargo) Undie e Akubue, 1986; Smit et al; 2013). No entanto, devido à limitação da terapia atual para gerir toda a fisiologia das caraterísticas anormais da doença, são urgentemente necessárias estratégias alternativas de utilização de uma série de nutrientes das plantas mencionadas (OMS, 2002).

As plantas terapêuticas, geralmente desde os tempos mais remotos, foram úteis para descobrir compostos bioactivos para a formulação de medicamentos (OMS, 2008). Os desafios da resistência celular encontrados, o elevado orçamento, a inacessibilidade e o aumento da quantidade de toxinas no ser humano como resultado da ingestão das substâncias prejudiciais circundantes, o uso contínuo ou excessivo dos medicamentos convencionais, a atenção está agora a voltar-se para compostos bioactivos naturais com capacidades terapêuticas melhoradas, modestos, menos prejudiciais ou não prejudiciais e rapidamente acessíveis para serem utilizados (Balogun et al; 2017; Akpovona et al; 2016; Mfotie et al; 2014). É cativante notar que o trabalho de investigação da Organização Mundial de Saúde, 2008, indicou que mais de 80% do mundo, particularmente os dos países em desenvolvimento, depende em grande medida de plantas terapêuticas para a saúde vital quotidiana (Toiu et al; 2018). Neste momento, cerca de 20% dos medicamentos atualmente existentes contêm fitoquímicos como parte dos seus constituintes bioactivos (OMS, 2008). A maior parte das doenças humanas que emergem das actividades de microrganismos, infecções, condições desordenadas de dificuldades metabólicas, e doenças relacionadas com o stress oxidativo utilizam plantas terapêuticas. (Umar et al; 2019; Onukogu et al; 2019; Madaki, 2016; Lawal et al; 2015).

A teoria da toxicidade da glicose recomenda que a exposição constante a aumentos modestos de glicose durante um período prolongado afecta seriamente as células. Substancialmente, o efeito da diabetes tipo 2, a hiperglicemia, é projetado como uma razão secundária por detrás do declínio celular contínuo.

Do mesmo modo, há uma atenção crescente na utilização de produtos naturais provenientes de plantas como substitutos dos medicamentos actuais. As fontes vegetais tornaram-se os principais alvos para a obtenção de novos medicamentos para ajudar a controlar a diabetes.

A queixa de stress em que há modificações em meio à criação e acúmulos dentro das células e, tecidos do corpo, e a limpeza do produto da reação devido à falta de antioxidante ou espécies reativas de oxigênio distendidas (ROS), espécies reativas de nitrogênio (RNS) e espécies reativas de enxofre (RSS) formação, pode gerar um risco de terminar a vida das células (Aziz, 2016; Law et al; 2017).

1.1 O significado global dos antioxidantes

Os antioxidantes são substâncias capazes de retardar as reacções químicas, independentemente das concentrações; por conseguinte, os antioxidantes desempenham vários papéis físicos e químicos no organismo. Além disso, os antioxidantes têm um desempenho semelhante ao das substâncias secundárias habituadas a travar a oxidação térmica, respondendo com os radicais reactivos e destruindo-os para acalmar a atividade, materiais menos nocivos e de longa duração do que esses radicais. Os antioxidantes também podem desativar os radicais livres, aceitando ou doando electrões para se livrarem do estado não emparelhado do romance (Krishnamurthy e Wadhwani, 2012).

1.2 Classificação dos antioxidantes

Os antioxidantes podem ajudar em numerosas actividades e são classificados em diferentes formas (Shahidi e Zhong, 2010; Nimse e Pal, 2015).

i. Os que se destinam a apoiar uma ou outra forma de atividade são classificados como antioxidantes enzimáticos e não enzimáticos. Os subprodutos oxidativos perigosos são frequentemente transformados em peróxido de hidrogénio e em água através de antioxidantes enzimáticos que estão preparados para catabolizar os radicais livres num número excessivo de fases do processo, no âmbito de diferentes cofactores como o cobre (Cu), o zinco (Zn), o manganês (Mn), o selénio (Se) e o ferro (Fe).

ii. A vitamina C, a vitamina E, as substâncias presentes em várias plantas (polifenóis), os carotenóides e o glutatião são antioxidantes não enzimáticos que interferem com as formas moleculares capazes de existirem sozinhas devido a um eletrão não emparelhado na sua orbital atómica (radicais livres).

iii. Os antioxidantes cujo suporte resulta da sua solubilidade podem ser classificados como B-vitaminas ou A-vitaminas em antioxidantes. O ácido ascórbico poderia ser uma variedade das vitaminas B presentes nas soluções celulares como o citosol ou a matriz citoplasmática.

iv. Os antioxidantes, agrupados em função do seu tamanho, são moléculas que anulam o efeito nocivo das espécies reactivas de oxigénio, num processo que excede o que se designa por eliminação de radicais ■ e que os elimina. O ácido ascórbico, o -tocoferol, os carotenóides e o glutatião (GSH) são os antioxidantes mais importantes deste grupo. Os antioxidantes de molécula grande compreendem enzimas (SOD, CAT e GPx) e proteínas de tipo abundante (proteína solúvel em água lábil ao calor) que absorvem espécies reativas de oxigénio, bem como as impedem de destruir violentamente outras proteínas vitais.

v. Os antioxidantes que actuam devido à sua natureza cinética são também agrupados da seguinte forma:

a. Antioxidantes capazes de romper ligações químicas por reação com radicais peroxilo, constituídos por atração dipolo-dipolo, fenol, naftol, hidroquinona, aminas aromáticas e aminofenóis. b. Antioxidantes capazes de romper ligações químicas por reação com radicais alquilo: quininas, nitrões e iminoquinonas.

c. Antioxidantes capazes de eliminar as ligações de átomos como as aminas aromáticas, os radicais nitroxilo, bem como os diferentes poderes combinados de misturas metálicas.

d. Os agentes oxidantes e branqueadores (peróxido de hidrogénio) decompõem os antioxidantes em constituintes como o sulfureto, o fosfureto e o tiofosfato.

e. O processo de desativação do catalisador de antioxidantes inclui diaminas, ácidos hidroxílicos, bem como substâncias que exibem mais do que uma função.

f O efeito combinado de uma gama de antioxidantes, compreendendo sulfureto de fenil como resultado da reação do grupo fenólico com o grupo sulfureto do radical peroxilo através do peróxido de hidrogénio.

g. Antioxidante que apresenta suporte próprio à natureza de ocorrência, seja natural ou sintético (Matthew et al; 2011; Hurrell, 2003).

1.3 Antioxidante natural

Este grupo de antioxidantes constitui-se como interventor através da libertação de antioxidantes, que, como resultado, são capazes de reagir com radicais e transformá-los em outros produtos constantes.

Em grande parte, os antioxidantes desta categoria são fenólicos e são compostos:

i. Antioxidantes como um mineral: Os antioxidantes actuam como cofactores de enzimas como o selénio, o cobre, o ferro, o zinco e o manganês. O não aparecimento destes cofactores poderia certamente melhorar o metabolismo de numerosas macromoléculas como os hidratos de carbono.

ii. Vitaminas antioxidantes: são essenciais e necessárias para várias funções do metabolismo do corpo, como o ácido ascórbico, o tocoferol e as vitaminas solúveis em água.

iii.   Fitoquímicos: são compostos fenólicos cujos subprodutos não são vitaminas nem minerais. Por exemplo, os flavonóides, as catequinas, os carotenóides, o caroteno, o licopeno, as ervas aromáticas e as especiarias como o diterpeno, a rosmariquinona, o tomilho, a noz-moscada, o cravinho, a pimenta preta, o gengibre, o alho, a curcumina, bem como outros subprodutos.

PARTE 3

CAPÍTULO 2

2.0 MÉTODOS

2.1 Produtos químicos

Os produtos químicos utilizados neste estudo eram de grau analítico e produtos da Sigma Aldrich. Os produtos químicos incluem metanol, tampão de fosfato, 2,2-difenil-1-picril-hidrazil (DPPH), hexacianoferrato de potássio (III), cloreto férrico, ácido tiobarbitúrico (TBA), dodecil sulfato de sódio (SDS), sulfato ferroso, ácido acético (TCA), levedura de padeiro, ácido ascórbico (vitamina *C)* e metronidazol (medicamento padrão para a diabetes).

2.2 Materiais vegetais: Recolha e identificação

A Dioscorea dumetorum (tubérculos de inhame amargo) foi adquirida numa fonte comercial nos Estados de Benue e Nasarawa, na Nigéria; um botânico identificou as plantas. As plantas foram descascadas, lavadas, cortadas em pequenos pedaços e secas ao ar a 37° C durante três dias para reduzir o teor de humidade.

2.3 Processo de moagem (pulverização)

As amostras de Dioscorea dumetorum (Bitter Yam ou BYAM) utilizadas no estudo foram moídas até se tornarem pó, utilizando um moinho eletrónico modelo Nima Japan. A amostra triturada foi embalada em sacos de poliestireno (nylon) e colocada num exsicador com coloide (exsicante) para evitar que as amostras absorvessem humidade da atmosfera. O material de amostra vegetal seco e pulverizado (em pó) foi armazenado num exsicador até à sua utilização.

2.4 Extração com metanol da amostra de planta

O material em pó fino foi extraído de forma a obter substâncias activas com um solvente adequado (metanol). Para a preparação do extrato de metanol, pesaram-se separadamente 100 g de *Dioscorea dumetorum* em pó para um copo de 1000 ml e extraiu-se cuidadosamente adicionando 80% de metanol durante dezoito horas a uma temperatura de sonicação de 30° C sob condições de agitação. De seis em seis horas, a solução foi submetida a uma sonicação durante vinte minutos para obter os agentes antidiabéticos precisos (componente bioativo) das amostras de plantas, seguida de filtração para obter um volume final de 1 litro (1000mL). O extrato foi filtrado com papel Whitman n.º 1 e concentrado até à secura sob pressão reduzida e temperatura controlada (40-50º C) num banho de água controlado digitalmente e fraccionado sequencialmente (partição) por n-hexano, clorofórmio e etanoato de etilo (acetato de etilo). As fracções de extrato de n-hexano, clorofórmio e etanoato de etilo foram evaporadas sob pressão reduzida.

2.5   Filtração da amostra extraída

Após a sonicação das amostras, verificou-se uma separação transparente entre o sobrenadante e o resíduo cimentado no fundo do frasco cónico. No entanto, o processo de filtração impediu a entrada de resíduos minúsculos no filtrado quando decantado. Dobrou-se duas vezes o papel Whitman n.º 1 num funil de plástico e colocou-se o funil sobre a boca de um frasco cónico. A solução separada foi vertida no funil com papel de filtro, o filtrado foi gradualmente recolhido no fundo do frasco cónico e o resíduo foi retido pelo papel de filtro.

2.6   Concentração do filtrado

O filtrado recolhido continha metanol e água juntamente com o extrato. Para remover o metanol utilizado na extração, foi utilizado um banho de água regulado digitalmente. O banho-maria regulado digitalmente permitiu a evaporação do metanol a 40º C.

2.7   Liofilização

O extrato concentrado continha água depois de o metanol ter sido evaporado do filtrado. Os extractos foram congelados a - 20º C e secos num sistema de compressão a vácuo (secador). Foi utilizado um liofilizador, modelo LGJ-18, equipado com uma bomba de compressão.

2.8   Fracionamento de extractos brutos (partição)

Fracionamento dos extractos brutos em metanol (partição): 10 g dos extractos foram dissolvidos em 100 ml de água destilada e divididos em fracções de n-hexano, clorofórmio e acetato de etilo, por ordem crescente de polaridade do solvente (n-hexano < clorofórmio < acetato de etilo < água destilada), utilizando uma ampola de decantação. As fracções resultantes foram secas a uma temperatura reduzida de 40º C com um banho de água regulado digitalmente. O peso das fracções foi medido. As fracções reagiram com células de levedura para viabilidade, DPPH, FRAP, peroxidação lipídica e ensaio de absorção de glicose por células de levedura. O método de Kabir et al (2005) foi utilizado para identificar as fracções bioactivas.

Após o fracionamento do extrato BYAM, um total de seis (6) fracções foram particionadas (tabela 2.1). A codificação das fracções utilizou dois alfabetos e um número. Onde o prefixo é o nome da planta alimentar, o sufixo é o nome do solvente utilizado para extrair a fração em particular, enquanto o número é a fração particionada numerada de acordo com a sua deslocação do funil de separação (tabela 2.1).

Tabela 2.1: Apresentando as fracções do particionamento dos extractos brutos com n-Hexano, Clorofórmio, acetato de etilo e solução aquosa

Samples	Hex	CHCl$_3$	EtOAc	Aqueous
Bitter Yam (BYAM)	BH$_1$, BH$_2$	BC$_1$, BC$_2$	BE	BA

Tabela 2.2: Rendimento percentual das fracções a partir de 10 g dos extractos brutos

	Hex	CHCl$_3$	EtOAc	Aqueous
Wt. of Solvent used	100%	100%	100%	100%
Wt. of fractions (g)	BH$_1$ =1.8 BH$_2$ =2.2	BC$_1$ =1.2 BC$_2$ =1.5	BE =1.3	BA =2.0
% Wt. of the fractions	BH$_1$ =18 BH$_2$ =22	BC$_1$ =12 BC$_2$ =15	BE =13	BA =20

O rendimento percentual do extrato bruto fraccionado (particionado) de *Dioscorea dumetorum* produziu as fracções do extrato no quadro 2.2 quando cem por cento de n hexano, clorofórmio, ácido acético e água destilada para o fracionamento.

2.9 Antioxidante in vitro do ensaio de eliminação do radical livre 2, 2- difenil-1-picrilhidrazil (DPPH)

As actividades antioxidantes dos extractos de plantas foram estimadas utilizando o ensaio de eliminação do radical livre DPPH, tal como descrito por Oyaizu (1986). Diferentes concentrações dos extractos brutos e do ácido ascórbico (vitamina C como controlo) em concentrações de 31,25, 62,5, 125, 250 e 500 pg/ml, bem como as das fracções com concentrações semelhantes, foram preparadas a partir de soluções de reserva (1000μg/ml) foram preparadas pesando e dissolvendo 0,0005g dos extractos brutos e ácido ascórbico em 100ml de metanol. Posteriormente, 2 ml de DPPH 0,004% em metanol foram adicionados a 1 ml de concentrações variadas de extractos brutos e fracções de extrato, bem como de ácido ascórbico. As misturas de reação foram incubadas a 25°C durante meia hora. A absorvância de cada mistura de teste foi lida contra um branco a 517 nm, utilizando um espetrofotómetro de feixe duplo Shimadzu da série UV-1800. A experiência foi efectuada em triplicado. A percentagem de atividade antioxidante foi calculada utilizando a fórmula abaixo:

Percentagem de atividade de sequestro = Absorvância do branco menos Absorvância da amostra dividida pela Absorvância do branco multiplicada por 100

2.9 Ensaio de poder antioxidante redutor férrico (FRAP)

A avaliação da atividade antioxidante dos extractos brutos e das fracções de extrato através do ensaio do poder antioxidante redutor férrico foi constante com o método de Oyaizu (1986). 0,0005 g de extractos brutos e ácido ascórbico como controlo foram pesados e dissolvidos em 100 ml de metanol (1000µg/ml), a partir do qual foram preparadas diferentes concentrações de 31,25, 62,5, 125, 250 e 500µg/ml. Durante este ensaio, 1 ml de cada extrato de planta, vitamina C, 1 ml de tampão ortofosfato de sódio 0,2 M e 1 ml de hexacianoferrato de potássio (III) a 1% foram misturados e incubados a 50°C durante vinte minutos. Em seguida, adicionou-se 1 ml de TCA a 10% a 1 ml de cada concentração dos extractos e misturou-se com 1 ml de água e 0,2 ml de cloreto férrico a 0,1%. A absorvância das amostras de teste foi lida a 700 nm com água destilada como branco. A percentagem de atividade antioxidante foi calculada utilizando a fórmula: Percentagem de atividade = absorvância da amostra menos a absorvância do *branco* dividida pela absorvância da *amostra* multiplicada por 100.

2.10 Ensaio de inibição da peroxidação lipídica por extractos brutos e fracções de extractos

Os efeitos inibitórios dos extractos brutos e das fracções de extractos na peroxidação lipídica foram determinados utilizando o método de Halliwell et al; (1995) com ligeiras modificações. Resumidamente, 0,5 ml de homogenato de ovo a 10% foram adicionados a 0,1 ml de extractos brutos e fracções e ascórbico como controlo em várias concentrações de 31,25,

62.5, 125, 250 e 500iig/ml, bem como 1 ml de água. Em seguida, adicionou-se 0,05 ml de FeSO4 às misturas e incubou-se durante meia hora. Em seguida, adicionou-se 1,5 ml de ácido carboxílico e ácido tiobarbitúrico (TBA) em dodecil sulfato de sódio.

A mistura de reação resultante foi agitada em vórtice e incubada a 95°C durante uma hora. Deixou-se arrefecer as misturas de reação e adicionou-se 5 ml de butanol a cada uma das misturas de reação, centrifugou-se a 1200 rpm durante dez minutos e leu-se a absorvância das amostras a 532 nm. A percentagem de inibição da peroxidação lipídica foi calculada com a fórmula: Percentagem de inibição = absorvância do *branco* menos a absorvância da *amostra* dividida pela absorvância de Manfcmultiplicada por 100.

2.11 Efeito antidiabético de *Dioscorea dumetorum* na absorção de glucose em células de levedura O ensaio foi constante com o método de Cirillo (1962) com uma ligeira modificação. A levedura de padeiro comercial foi dissolvida em água destilada para preparar uma suspensão de 1%. A suspensão foi mantida durante a noite a uma temperatura de 37°C. No dia seguinte, a suspensão de células de levedura foi centrifugada a

4200 rpm com uma centrifugadora de alta velocidade refrigerada de 4 baldes, modelo LR10 - 2,4A, 50/60 Hz e 220-240 V durante cinco minutos. O método foi repetido adicionando água à palete até se obter um sobrenadante transparente. Misturaram-se exatamente dez partes do líquido sobrenadante transparente com 90 partes de água destilada para obter uma suspensão de 100 ml v/v de células de levedura. Devido à solubilidade do extrato, cerca de 1 mg p/v de extractos brutos de plantas e fracções de extrato foi misturado com dimetilsulfóxido (DMSO4). Foi feita uma diluição em série do extrato a uma concentração de 0,625, 1,25,

2.5, e 5mg/ml para o extrato bruto, bem como 31,25, 62,5, 125, 250 e 500gg/ml para as fracções do extrato, respetivamente. As amostras foram submetidas a uma reação com concentrações de 5, 10 e 25mM/L de 1mL de solução de glucose e incubadas durante dez minutos a 37°C. A reação foi iniciada com a adição de 100mL de suspensão de levedura às amostras de glucose e extractos. As amostras foram agitadas em vórtex e incubadas durante mais uma hora a 37° C. Após a incubação, adicionou-se ácido 3,5dinitrosalicílico (DNSA) aos tubos e colocou-se em água a ferver durante cinco minutos (mas não se deixou os tubos ferverem - isto foi para permitir a reação rápida dos extractos, da glucose e das células de levedura). A absorção de glucose foi lida utilizando um espetrofotómetro (UV - 1800 SHIMADZU) a 540 nm. A absorvância para o controlo foi efectuada num comprimento de onda semelhante. O aumento percentual da absorção de glucose foi calculado com a fórmula:

Aumento percentual da absorção de glicose = absorvância do controlo menos a absorvância da amostra dividida pela absorvância do controlo multiplicada por 100, sendo o controlo a solução que contém todos os reagentes, exceto a amostra de ensaio. O metronidazol foi utilizado como medicamento padrão (controlo).

2.12 Análise estatística

Os dados foram recolhidos com recurso a uma análise de variância (ANOVA) unidirecional e bidirecional, bem como ao teste T independente e à análise do teste T emparelhado. Os grupos foram considerados significativos se $P < 0 \cdot 05$ e, um valor F foi significativo para ANOVA; as diferenças entre todos os pares foram realizadas usando o teste Ducan Post Hoc; SPSS versão 26 e Microsoft excel windows 10 foram usados para análise estatística e geração de figuras de dados.

PARTE 3

CAPÍTULO 3

3.0 RESULTADOS

3.1 Atividade antioxidante dos extractos brutos e das fracções dos extractos de *Dioscorea dumetorum*

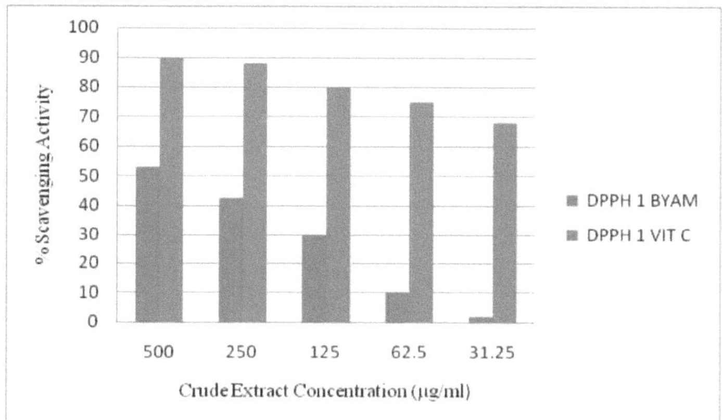

Figura 3.1: Percentagem de actividades de eliminação do radical DPPH do extrato bruto de *Dioscorea dumetorum* (Bitter yam ou BYAM). Os valores são apresentados como média ± desvio padrão de triplicados. Os valores com elevada concentração de atividade são significativamente diferentes a $P< 0,05$.

O DPPH é um composto de radicais livres adequado, normalmente utilizado para testar as actividades de eliminação de radicais livres de vários tipos de amostras. O teste de eliminação do radical DPPH depende principalmente da capacidade de um composto doar átomos de hidrogénio, estabilizando assim os radicais livres que, por sua vez, impedem as combinações químicas de oxidação estabelecidas em organismos activos (Kusuma et al; 2014). Embora o radical DPPH não imite nenhum composto biológico (e, portanto, tem uma importância relativamente pequena em organismos activos), no entanto, o ensaio DPPH é geralmente refletido como um indicador da capacidade dos extractos de plantas para extinguir os radicais livres, bem como a sua capacidade de doação de átomos de hidrogénio ou electrões, na ausência de qualquer ação enzimática (Mileva et al; 2014). A razão mais vantajosa para a utilização de DPPH na avaliação das actividades antioxidantes in vitro de medicamentos e extractos de plantas deve-se à sua maior estabilidade do que os radicais hidroxilo e superóxido (Li et al; 2009). Assim, pode dizer-se que as actividades antioxidantes exibidas pelos extractos através das capacidades de eliminação do DPPH, figura 3.1, se devem predominantemente à sua capacidade de doação de átomos de hidrogénio ou de electrões. A capacidade de doação de hidrogénio pode igualmente ser atribuída à presença de compostos fenólicos nos extractos, uma vez que estes metabolitos secundários possuem actividades antioxidantes (Gruz et al; 2011). Por conseguinte, é racional deduzir que a maior atividade do extrato bruto do que a do extrato de *Dioscorea dumetorum* pode ser o resultado de concentrações mais elevadas de fenólicos no extrato bruto. Este pode ser o caso da maior atividade do extrato *de Dioscorea dumetorum*.

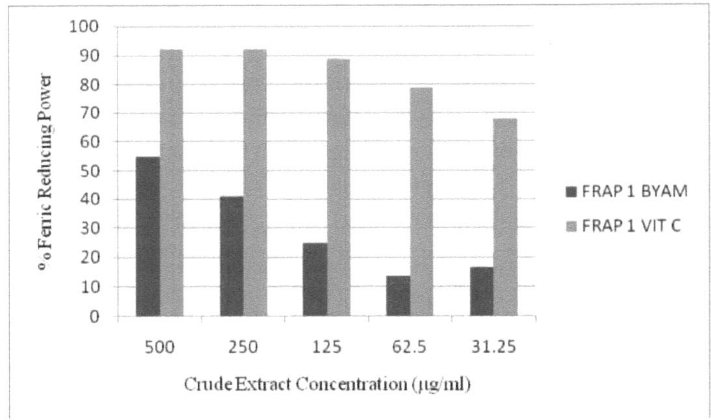

Figura 3.2: Poderes redutores férricos percentuais do extrato bruto de *Dioscorea dumetorum* (inhame amargo ou BYAM). Os valores são apresentados como média ± desvio padrão de triplicados. Os valores com elevada concentração de poder redutor férrico são significativamente diferentes a $P< 0,05$.

A capacidade de doação de electrões dos antioxidantes nos extractos brutos é geralmente reproduzida pela capacidade de tais antioxidantes reduzirem o ferro (Fe) no estado de oxidação de Fe^{3+} para Fe^{2+}. Por conseguinte, quanto maior for a atividade dos antioxidantes, maior será a capacidade de doar electrões (capacidade de redução) (Amari et al; 2014). Portanto, a atividade significativa do extrato sugere que eles foram capazes de reduzir Fe3+ a Fe2+, revelando sua capacidade de doação de elétrons, o que, por sua vez, sugere a possibilidade de usar os extratos para interromper a oxidação de combinações químicas estabelecidas em células ativas. Os resultados obtidos para o extrato *de Dioscorea dumetorum* e a percentagem de inibição obtida na figura 3 foram superiores. As mesmas razões mencionadas no ensaio de eliminação do radical DPPH podem também ser responsáveis pelas diferenças neste ensaio. No entanto, o extrato de *Dioscorea dumetorum* apresentou um poder redutor férrico significativo figura 3.2.

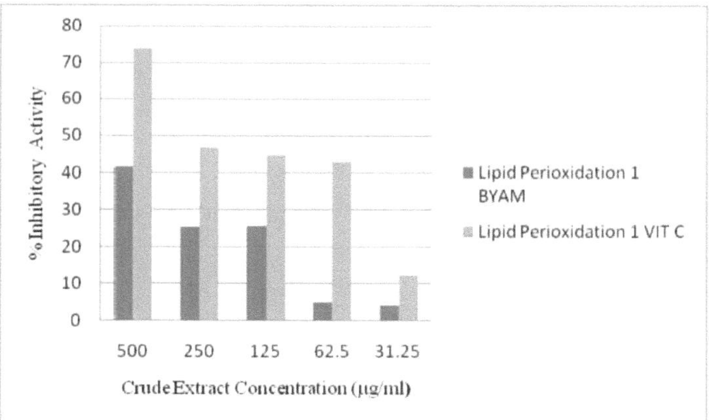

Figura 3.3: Actividades inibitórias percentuais de extractos brutos de *Dioscorea dumetorum* (inhame amargo ou BYAM) na peroxidação lipídica. Os valores são apresentados como média ± desvio padrão de triplicados. Os valores com maior concentração de atividade de peroxidação lipídica são significativamente diferentes a *P*< 0,05.

A peroxidação lipídica foi descrita como uma degradação oxidativa dos lípidos, um processo em que os radicais livres retiram electrões dos lípidos da membrana celular (isto afecta principalmente os ácidos gordos polinsaturados devido à presença de ligações duplas). Foi proposto que o processo de peroxidação lipídica ocorre através de uma reação em cadeia de radicais livres, que tem sido associada aos danos da célula por um sistema de membrana preambular que isola a célula do ambiente exterior (Halliwell, 1986). Foi estabelecido que os danos causados influenciam as condições de doença de muitos indivíduos, tais como doenças cardiovasculares, cancro e diabetes (Usuki et al; 1981). Por conseguinte, a capacidade dos extractos para inibir consideravelmente a peroxidação lipídica do homogenato de ovo implica que foram capazes de extinguir as acções dos radicais livres, impedindo a conceção dos electrões dos lípidos da membrana celular pelos radicais livres e, por conseguinte, podem ser utilizados para proteger os seres humanos de doenças crónicas e outras doenças relacionadas com o stress oxidativo.

Os resultados obtidos neste estudo sugerem que os extractos brutos de *Dioscorea dumetorum* possuem actividades antioxidantes e podem, por conseguinte, ser utilizados no tratamento e gestão de doenças relacionadas com o stress oxidativo.

3.2 Efeito antioxidante do DPPH 2, FRAP 2 e peroxidação lipídica 2 nas fracções de extrato

Tabela 3.3: Mostra a percentagem de atividade antioxidante das fracções do extrato DPPH 2

µg/ml	%BA	%BC1	%BC2	%BE	%BH1	%BH2	%VITC
500	51.92	27.45	39.62	24.34	34.13	47.73	82.58
250	49.02	27.45	38.19	26.73	34.37	36.52	53.22
125	35.54	14.32	39.86	32.46	36.52	24.82	46.3
62.5	4.97	19.09	31.26	35.8	30.79	18.38	47.02
31.25	4.15	-8.59	21	32.7	24.82	6.92	45.58

A percentagem de atividade antioxidante de eliminação (também referida como DPPH) das fracções do extrato, na tabela 3.3, mostrou um aumento da capacidade antioxidante de eliminação com o aumento da concentração da fração do extrato de cima para baixo da tabela e valores elevados das amostras sintéticas. Toda a atividade mais elevada foi exibida na concentração de 500pg/ml. As fracções do extrato revelaram uma maior atividade antioxidante percentual em comparação com outras fracções particionadas.

Tabela 3.4: Poder antioxidante redutor férrico (FRAP) percentual das fracções do extrato

µg/ml	%BA	%BC1	%BC2	%BE	%BH1	%BH2	%VITC
500	74.35	63.01	88.92	94.05	82.48	68.04	95.25
250	25.08	59.97	82.84	88.9	80.95	68.03	95.25
125	26.02	29.34	73.54	83.31	59.35	58.62	93.42
62.5	26.02	19.34	50.11	69.96	49.93	38.31	86.37
31.25	26.88	19.39	45.44	59.95	39.5	25.35	77.28

A percentagem do poder antioxidante redutor férrico (FRAP) das fracções do extrato, na tabela 3.4, mostra um aumento da atividade percentual do FRAP com o aumento da concentração da fração do extrato a partir do topo
para o fim da tabela. As fracções do extrato BE (94,05%) produziram uma atividade percentual FRAP mais elevada em comparação com as outras fracções. No entanto, as outras fracções também foram muito elevadas em concentrações de 500µg/ml e 250µg/ml, respetivamente. Além disso, o valor sintético foi elevado.

Tabela 3.5: Mostra a percentagem de atividade inibidora da peroxidação lipídica do antioxidante das fracções do extrato

µg/ml	%BA	%BC1	%BC2	%BE	%BH1	%BH2	%VITC
500	65.42	65.26	75.3	86.27	70.25	62.41	91.36
250	57.94	49.83	71.62	82.72	66.06	54.52	84.58
125	49.19	48.4	67.08	81.88	63.45	47.93	72.97
62.5	44.65	42.56	61.92	60.88	59.59	44.07	65.28
31.25	42.17	38.12	54.41	56.23	56.58	28.24	49.25

Além disso, a percentagem de atividade inibidora de antioxidantes (também referida como peroxidação lipídica) para todas as fracções de extrato na tabela 3.5 também mostrou um aumento da atividade inibidora com o aumento da concentração da fração de extrato. As fracções de extrato BE (86,27%), BC2 (75,3%) e BH1 (70,25%) apresentaram uma capacidade inibitória mais elevada do que as outras fracções de extrato. O antioxidante padrão foi superior às fracções de extrato em todas as concentrações dos ensaios antioxidantes (DPPH, FRAP e peroxidação lipídica). Por outro lado, as fracções de extrato BC2 (56,58%), BE (56,23%) e BC2 (54,41%) foram superiores ao antioxidante padrão e à concentração mais baixa de 31,25µgZml; apesar de o antioxidante padrão ter uma atividade antioxidante mais elevada do que a maioria das fracções de extrato, as fracções de extrato apresentaram excelentes capacidades em diferentes ensaios.

3.3 Efeito antidiabético do extrato bruto em células de levedura

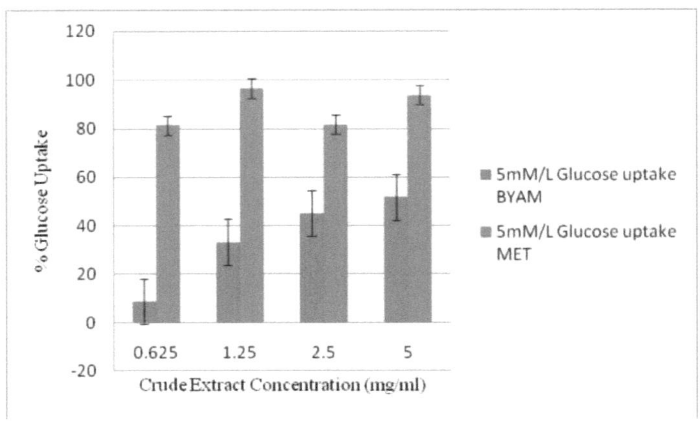

Figura 3.4: Captação de glicose pelas células de levedura a uma concentração inicial de glicose de 5mMZL na presença de BYAM *Dioscorea dumetorum* (inhame amargo ou BYAM); o metronidazol (MET) é um fármaco sintético para a diabetes. As barras de erro representam ± SE de dados triplicados. As barras são significativamente diferentes a $P = 0,05$.

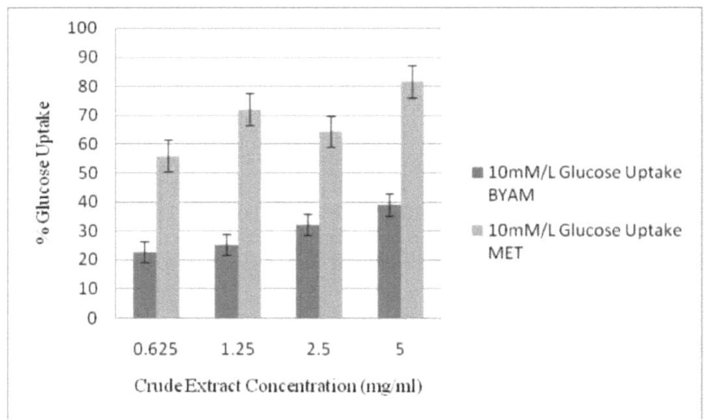

Figura 3.5: Absorção de glicose pelas células de levedura a uma concentração inicial de glicose de 10 mM/L na presença de BYAM; extrato bruto de *Dioscorea dumetorum* (inhame amargo ou BYAM);
O metronidazol (MET) é um medicamento sintético para a diabetes. As barras de

erro representam ± SE de dados triplicados. As barras são significativamente
diferentes a $P = 0,05$.

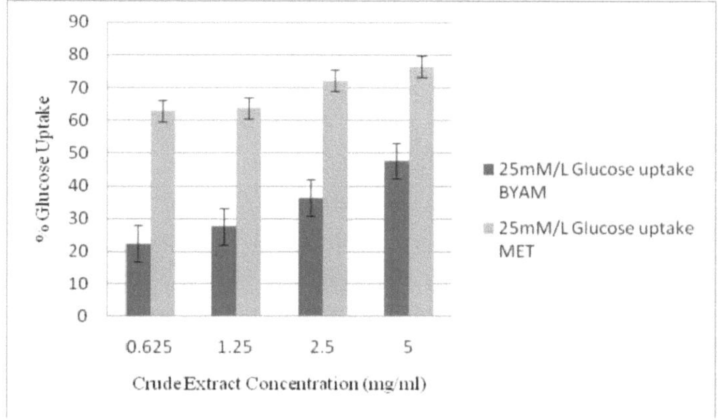

Figura 3.6: Captação de glicose pelas células de levedura a uma
concentração inicial de glicose de 25 mM/L na presença de BYAM;
extrato bruto de *Dioscorea dumetorum* (inhame amargo ou BYAM); o
metronidazol (MET) é um medicamento sintético para a diabetes. As
barras de erro representam ± SE de dados triplicados. As barras são
significativamente diferentes a $P = 0,05$.

Efeito do extrato bruto de Dioscorea *dumetorum* na capacidade de
absorção de glucose pelas células de levedura. O extrato bruto de
Dioscorea dumetorum estimulou a absorção de glucose através da
membrana parcialmente mas não totalmente permeável das células de
levedura - figuras 3.4, 3.5 e 3.6, respetivamente. A absorção de glucose
a uma concentração inicial de 5mM/L e 10mM/L pelo extrato bruto de
Dioscorea *dumetorum* foi consistente com a do medicamento padrão
conhecido (figuras 3.4 e 3.5). No entanto, o efeito do Metronidazol na
absorção de glucose pela célula de levedura a 25mM/L de concentração
de glucose foi igual ao do extrato bruto de Dioscorea *dumetorum* (figura
3.6). Além disso, a 0,625 mg/ml, as equações lineares e o R^2 mostram
que o extrato foi mais previsível em termos de dose do que o
medicamento padrão (Metronidazol), conforme demonstrado pelas
equações y = 14,058x - 0.4431, $R^2 = 0,9233$ (92,3%) para a *Dioscorea*

dumetorum enquanto y = 2,1324x + 82,881, e R^2 = 0,1213 (12,1%) para o Metronidazol quando foram utilizados 5 mg/ml de extrato bruto de Dioscorea *dumetorum* (figura 3. 4). Isto sugere que o aumento da concentração do extrato bruto de Dioscorea *dumetorum,* aumentou a possibilidade das células de levedura absorverem mais glucose do sistema; mas, o medicamento padrão, embora mostrasse uma elevada capacidade de absorção de glucose, tinha, no entanto, uma previsibilidade muito baixa da dose do medicamento em comparação com os extractos, como se pode ver pelo valor muito baixo de R^2 de 12,1% em comparação com o valor de R^2 do extrato bruto de 92,3%. Por outro lado, as figuras 5 e 6 mostram um aumento linear da absorção de glicose pelas células de levedura com um aumento gradual da concentração do extrato bruto. No entanto, foi observada uma correlação inversa com a concentração molar de glicose, quando a absorção de glicose pelas células de levedura foi comparada entre 5mM/L, 10mM/L e 25mM/L para a quantidade semelhante de extrato bruto de Dioscorea *dumetorum* (figuras 3.4, 3.5 e 3.6). 3.4 Efeito antidiabético das fracções de extrato em células de levedura

Tabela 3.6: Capacidade de absorção de glucose a uma concentração de 5mM/L

µg/ml	% BA	% BC1	% BC2	%BE	% BH1	% BH2	% MET
500	79.23	62.52	94.18	66.29	57.62	79.15	88.18
250	77.71	49.35	72.71	59.98	48.48	68.09	81.93
125	68.69	40.88	70.63	55.88	33.23	52.26	76.5
62.5	54.29	36.97	67.79	51.02	30.48	44.96	54.29
31.25	46.25	26.33	62.29	47.31	21.26	26.4	49

A capacidade de absorção de glicose a uma concentração de glicose de 5mM/L A tabela 3.6 mostrou um aumento da percentagem da capacidade de absorção de glicose com o aumento da concentração da fração do extrato. Verificou-se que a fração BC2 do extrato era superior às outras fracções em todas as concentrações e superior ao fármaco padrão em concentrações altas e baixas de 500pg/ml (94,18%), 62,5pg/ml (67,79%) e

31,25 pg/ml (62,29%) para as fracções do extrato em comparação com o medicamento padrão de 500pg/ml (88,18%), 62,5pg/ml (54,29%) e 31,25pg/ml (49%).

Tabela 3.7: Capacidade de absorção de glucose a uma concentração de 10 mM/L

µg/ml	%BA	% BC1	% BC2	% BE	%BH1	%BH2	%MET
500	84.8	93.5	95.96	81.88	79.96	84.37	92.35
250	78.54	90.91	80.47	67.87	65.16	76.57	89.37
125	66.15	67.5	58.29	61.89	58.54	73.37	85.39
62.5	54.73	61.43	56.81	58.1	47.51	58.92	71.21
31.25	48.5	56.39	52.54	52.43	43.98	52.72	57.47

A capacidade de absorção de glucose a uma concentração de 10mM/L, na tabela 3.7, mostra um aumento da percentagem da capacidade de absorção de glucose com o aumento da concentração da fração do extrato. As fracções de extrato BC2 (95,96 %) e BC1 (93,5 %) mostraram uma capacidade de absorção de glicose muito superior à do medicamento padrão a uma concentração mais elevada de 500pg/ml; a fração BC1 (90,91 %) foi superior ao medicamento padrão a uma concentração de fração de extrato de 250pg/ml; enquanto a fração de extrato foi superior ao medicamento padrão em todas as concentrações, exceto na fração de extrato de 125pg/ml.

Tabela 3.8: Capacidade de absorção de glucose a uma concentração de 25 mM/L

µg/ml	%BA	%BC1	%BC2	%BE	%BH1	%BH2	%MET
500	82.65	72.34	65.96	67.98	66.8	89.79	97.43
250	71.74	70.14	57.41	66.27	62.28	86.46	93.67
125	66.44	69.24	50.29	61.07	54.89	80.6	74.09
62.5	59.85	67.57	49.05	58.14	51.77	77.79	69.91
31.25	47.62	61.6	40.74	51.37	47.32	73.25	64.86

A capacidade de absorção de glicose a uma concentração de glicose
de 25mMZL A tabela 3.8 mostrou um aumento na capacidade de
absorção de glicose em percentagem com o aumento da concentração
da fração de extrato. As fracções de extrato BH2 (89,79 %) e BA
(82,65 %) foram superiores às outras fracções. De igual modo, o
fármaco padrão só foi superior às fracções em concentrações mais
elevadas de 500µg7ml (97,43%) e 250µg7ml (93,67%).

PARTE 3

CAPÍTULO 4

4.0 DEBATES E CONCLUSÕES

A diabetes mellitus tem uma relação estreita com outros distúrbios metabólicos; um dos distúrbios mais importantes é o stress oxidativo. Estudos metabólicos revelaram um aumento da libertação de espécies reactivas de oxigénio (ROS) nas células e nos tecidos dos doentes diabéticos (Atlas, 2013). Para fazer face às ERO, a presença de antioxidantes potentes no organismo de um doente é vital, porque um antioxidante tem a capacidade de retardar ou impedir completamente a oxidação de outras substâncias. Durante este processo, o ensaio de eliminação do radical livre DPPH é um dos ensaios antioxidantes necessários, originalmente introduzido por Marsden Blois da Universidade de Stanford em 1958. Vários investigadores utilizaram esta técnica para investigar o potencial antioxidante de medicamentos normais e produtos naturais. Brand Williams e os seus colegas introduziram uma versão modificada do método de Blois em 1995, que é aplicada como referência por vários investigadores (Lebeau et al; 2000). Do mesmo modo, a possibilidade do possível potencial antidiabético de um fármaco é avaliada através de uma série de ensaios in vitro, fornecendo pistas para o seu potencial antidiabético in vivo. Para além dos ensaios antioxidantes, Marinova e Batchvarou, 2011, vários outros ensaios de indicadores incluem (i) o potencial de captação de glucose através da membrana plasmática, como o das células de levedura, (Bhutkar e Bhise, (2013) outros como as células adiposas, Gulati et al; (2015) ou células musculares; Rajeswari e Sridevi (2014) (ii) capacidade de adsorção de glicose; Gulati et al (2015) (iii) inibição das enzimas α-amilase e β-glucosidase são usadas principalmente para investigações in vivo. O facto de as fracções do extrato neste estudo terem uma elevada atividade antioxidante (figuras 4 a 5 e tabelas 5 a 6) sugere que estas fracções, ao melhorarem o doente diabético, podem estar a atuar de uma ou mais formas, ajudando a eliminar os radicais livres, no processo de cura de qualquer inflamação no pâncreas, de modo a que a insulina possa ser melhor libertada. Outra forma de explicar o mecanismo pode ser inibindo os radicais livres de bloquear a membrana celular; no processo, impedindo a flexibilidade da membrana celular. As propriedades antidiabéticas e antioxidantes do extrato de metanol das fracções do extrato podem ser atribuídas à presença de compostos bioactivos que podem estar presentes na *Dioscorea dumetorum* (inhame amargo ou BYAM) (Srividlhya et al; 2017). Investigações anteriores identificaram compostos bioactivos nos extractos que incluem quercetina 3- Oglucosil (1→6) glucósido (QDG) e quercetina 3- Oglucósido (QG) oxaciclododecano 2-ona, imidazol, amentoflavona, bioflavonóides, eugenol, cariofileno, -copaeno, azuleno, dodecatetraenamida e fenetilamina (Jothy et al; 2011; Arapitsas, 2008; Shui e Leong; 2014; Atawodi et al; 2014; Rajagopal et al; 2013; Kadhim et al; 2016; Rehman et al; 2018).

Por conseguinte, a presença de um destes compostos no extrato pode contribuir para a absorção de glucose no presente estudo. De um modo geral, a absorção de glicose pelos músculos esqueléticos deve-se à acumulação de moléculas funcionais de transporte de glicose na membrana celular.

As moléculas transportadoras de glicose são reguladas pelos leptocitos e miócitos em resposta à elevada secreção de insulina no sangue, resultando num efeito hipoglicémico (Rajeswari e Sriidevi, 2014). Pelo contrário, os estudos relativos ao efeito dos fármacos na redução da hiperglicemia pós-prandial têm sido um dos aspectos importantes na gestão da diabetes mellitus, que é uma abordagem terapêutica bem focada até à data. Além disso, a captação de glucose pelas células de levedura pode ser diferente da de outras células eucarióticas ou do corpo humano. O transporte de glicose através da membrana da levedura pode envolver uma difusão facilitada e não a mediação de um sistema enzimático de fosfotransferase ou qualquer outro processo desconhecido. A absorção de glicose pelas células de levedura pode ser afetada por diversas variáveis, tais como a concentração de glicose no interior das células ou o metabolismo subsequente da glicose. Se a maior parte do açúcar interno for prontamente convertido noutros metabolitos, a concentração interna de glucose será baixa e será favorecida uma elevada absorção de glucose pela célula. Do mesmo modo, é possível que a absorção de glicose pelas células de levedura na presença do extrato se deva tanto a uma difusão facilitada como a um metabolismo elevado da glicose. Certamente, valerá a pena explorar a atividade das fracções do extrato natural in vivo (o presente estudo centrou-se no estudo in vitro), que poderá ajudar a impulsionar a absorção de glicose pelas células musculares e pelos tecidos adiposos do corpo. O extrato pode ligar eficazmente a glicose e transportá-la através da membrana celular para outros processos bioquímicos.

4.1 CONCLUSÃO

As fracções do extrato foram activas como candidatos a fármacos tanto em concentrações altas como baixas e foram melhores em comparação com o fármaco padrão e o antioxidante padrão foi comparável. A partir dos resultados, pode concluir-se que quanto maior for a concentração do extrato na solução, maior será a absorção de glucose pelas células de levedura. Além disso, os medicamentos padrão estão sobrecarregados de efeitos secundários, em comparação com os nutrientes das fracções do extrato, que são naturais e sem efeitos secundários.
R^2 tem sido conhecido como uma métrica de erro de regressão que explica o desempenho do modelo utilizado. Representa o valor de quanto a variável independente é capaz de descrever o valor da resposta e ou da variável-alvo. Neste caso, a concentração era a variável independente e o extrato era a variável

dependente; portanto, prevendo a resposta dos extractos no futuro como um candidato a medicamento para a diabetes tipo 2. Mais essencialmente, as fracções do extrato, sendo de origem vegetal alimentar, não têm toxicidade esperada e são um antioxidante natural. A previsibilidade dos extractos foi capaz de aumentar as suas previsões a uma concentração baixa e alta de 0,625 mg/ml e 5 mg/ml do extrato, enquanto a previsão do medicamento padrão a uma concentração alta de 5 mg/ml foi muito baixa, mostrando a sua baixa eficácia e usabilidade. É necessária mais investigação para encapsular separadamente as fracções do extrato de elevada bioatividade e codificá-las de acordo com as suas diferentes funções como medicamento para doentes com diabetes tipo 2. Também será necessário um ensaio do medicamento em animais para monitorizar o desempenho in vivo do medicamento e o subsequente ensaio voluntário em humanos.

Declaração do Conselho de Revisão Institucional

O estudo foi realizado de acordo com a Declaração de Helsínquia e aprovado pelo Conselho de Revisão Institucional da Universidade de Nicósia; a data de aprovação é 15 de janeiro de 2020.

Financiamento

Esta investigação não recebeu qualquer financiamento externo

ORCID iD: https://orcid.org/00001-8794-5960

REFERÊNCIAS

Amari, N. O. *et al.* (2014) "Rastreio fitoquímico e capacidade antioxidante das partes aéreas de Thymelaea hirsuta L.", *Asian Pacific Journal of Tropical Disease,* 4(2), pp. 104-109. doi: 10.1016/S2222-1808(14)60324-8.

Atlas, I. D. (2013) "Bruxelas, Bélgica: federação internacional de diabetes", *Federação Internacional de Diabetes* (IDF) 2014.

Atawodi, S. E.; Atawodi, J. C.; Idakwo, G. A. (2009) "Composição de polifenóis e potencial antioxidante do fruto de Hibiscus esculentus L. cultivado na Nigéria", *Journal of Medicinal Food;* 12(6), pp. 1316-1320.

Arapitsas, P. (2008) 'Identification and quantification of polyphenolic compounds from okra seeds and skins', *Food Chemistry,* 110(4), pp. 1041-1045. doi: 10.1016/j.foodchem.2008.03.014.

Adelakun, O. E. *et al.* (2009) "Composição química e propriedades antioxidantes da farinha de sementes de quiabo nigeriano (Abelmoschus esculentus Moench)", *Food and Chemical Toxicology.* Elsevier Ltd, 47(6), pp. 1123-1126. doi: 10.1016/j.fct.2009.01.036.

Adelakun, O. E.; Oyelade e O. J. (2011) *Propriedades Químicas e Antioxidantes da Semente de Quiabo (Abelmoschus esculentus Moench). Em Nuts and Seeds in Health and Disease Prevention;* Preedy, V. R., Watson, R. R., Patel, V. B., Eds.; Academic Press: Cambridge, MA, EUA, pp. 841-846.

Akpovona, A. E. *et al.* (2016) "Estudos de toxicidade aguda e subcrónica do extrato de etanol da casca do caule de Terminalia macroptera em ratos albinos wistar", *Journal of Medicine andBiomedical Research,* 15(1), pp. 62-73. doi: 10.1055/s-0036-1596308.

Aziz, M. A. *et al.* (2016) 'The association of oxidant-antioxidant status in patients with chronic renal failure', *Renal Failure,* 38(1), pp. 20-26. doi: 10.3109/0886022X.2015.1103654.

Balogun, J. B. *et al.* (2017) 'Potencial Anti-Trypanosomal in vivo do Extrato de Raiz de Metanol de Terminalia macroptera (Guill. e Perr.) Em Rato Wistar Infetado com Trypanosoma Brucei Brucei', IOSR *JournalPharmarcy Biological Sciences;* 12(5) pp. 12-17.

Bhutkar, M. e Bhise, S. (2013) "Efeitos hipoglicémicos in vitro de Albizzia lebbeck e Mucuna pruriens", *Asian Pacific Journal of Tropical Biomedicine,* 3(11), pp. 866-870. doi: 10.1016/S2221-1691(13)60170-7.

Cirillo, V. P. (1962) "Mechanism of glucose transport across the yeast cell membrane", *Journal of Bacteriology,* 84(3), pp. 485-491.

Centers for Disease Control and Prevention (2011) National diabetes fact sheet, 2011. www.cdc.gov/diabetes/pubs/pdf/ndfs_2011.pdf. Acedido em 15 de janeiro de 2015

Eleazu, C. e Okafor, P. (2012) 'Antioxidant effect of unripe plantain (Musa paradisiacae) on oxidative stress in alloxan-induced diabetic rabbits', *International Journal of Medicine and Biomedical Research,* 1(3), pp. 232-241. doi: 10.14194/ijmbr.1311.

Halliwell, B. (1995) *How to characterize an antioxidant:* an update. In Biochemical Scciety, Symposia 61, pp. 73-101); Portland Press Limited.

Halliwell, B. (1989) "Protection against tissue damage in vivo by desferrioxamine: What is its mechanism of action?", *Free Radical Biology and Medicine,* 7(6), pp. 645-651. doi: 10.1016/0891-5849(89)90145-7.

Hurrell, R. F. (2003) 'Influences of vegetable protein sources on trace element and mineral bioavailability,' *Journal of Nutrition;* 133(9) pp. 2973S-2977S.

Jothy, S. L. *et al.* (2011) "Isolamento dirigido por bioensaio de compostos activos com atividade anti-leveduras de um extrato de sementes de Cassia fistula", *Molecules,* 16(9), pp. 7583-7592. doi: 10.3390/molecules16097583.

Kwon, Y. I. *et al.* (2007) "Health benefits of traditional corn, beans, and pumpkin: In vitro studies for hyperglycemia and hypertension management", *Journal of Medicinal Food,* 10(2), pp. 266-275. doi: 10.1089/jmf.2006.234.

Kapoor, S. K. e Anand, K. (2002) "Nutritional transition: a public health challenge in developing countries", *Journal of Epidemiology and Community Health,* 56, pp. 804-805.

Krishnamurthy, P.; Wadhwani, A. (2012) "Enzimas antioxidantes e saúde humana". In: El-Misery MA, editor. Antioxidant Enzyme", *Croácia: In Tech;* 2012. pp. 3-18.

Kadhim, M. J.; Mohammed, G. J.; Hameed, I. H. (2016) 'Análise antibacteriana, antifúngica e fitoquímica in vitro do extrato metanólico da fruta Cassia fstula', *Oriental Journal of Chemistry;* 32(3), pp. 1329-1346.

Kusuma, I. W.; Arung, E. T. e Kim, Y. U. (2014) 'Propriedades antimicrobianas e antioxidantes de plantas medicinais usadas pela tribo Bentian da Indonésia', *Food Science and Human Wellness;* 3(3-4) pp. 191-196.

Kabir, O. A., Olukayode, O., Chidi, E. O., Christopher, C., I, Kehinde, A. F. (2005) 'Screening of crude extracts of six medicinal plants used in South-West Nigerian unorthodox medicine for anti-methicillin resistant Staphylococcus aureus activity', BMC Complementary and Alternative Medicine;5:6.

Lawal, B. *et al.* (2015) "Potential antimalarials from African natural products: a review", *Journal of InterculturalEthnopharmacology,* 4(4), p. 318. doi: 10.5455/jice.20150928102856.

Li, W. *et al.* (2009) "Avaliação da capacidade antioxidante e da qualidade aromática do leite materno", *Nutrition.* Elsevier Inc., 25(1), pp. 105-114. doi:

10.1016/j.nut.2008.07.017.

Lebeau, J. *et al.* (2000) "Antioxidant properties of di-tert-butylhydroxylated flavonoids", *Free Radical Biology and Medicine,* 29(9), pp. 900-912. doi: 10.1016/S0891-5849(00)00390-7.

Law, B. M. *H.et al.* (2017) "Hipóteses sobre o potencial da ingestão de farelo de arroz para prevenir o cancro gastrointestinal através da modulação do stress oxidativo", *International Journal of Molecular Sciences;* 18 pp. 1-20

Mileva, M.*et al.* (2014) 'Composição química, actividades antirradicalares e antimicrobianas in vitro do óleo essencial de Rosa alba L. da Bulgária contra alguns agentes patogénicos orais,' *International Journal of Current Microbiology and Applied Science;* 3(7) pp. 11-20.

Marinova, G.; Batchvarov, V. (2011) "Evaluation of the methods for determination of the free radical scavenging activity by DPPH", *Bulgarian Journal of Agricultural Science;* 17(1), pp. 1124.

Mfotie Njoya E, Weber C, Hernandez-Cuevas NA, Hon CC, Janin Y, Kamini MFG (2014). Fracionamento guiado por bioensaio de extractos de Codiaeum variegatum contra Entamoeba histolytica descobre compostos que modificam a expressão de genes relacionados com a biossíntese de ceramidas,' *PLoS Neglected Tropical Diseases;* 8(1):29.

Mathew, B. B.; Tiwari, A.; Jatawa, S. K. (2011) 'Free radicals and antioxidants: A review,' *Journal of Pharmacy Research;* 4(12) pp. 4340-4343.

Madaki FM, Kabiru AY, Mann A, Abdulkadir A, Agadi JN, Akinyode AO (2016).
Phytochemical Analysis and In-vitro Antitrypanosomal Activity of Selected Medicinal Plants in Niger State, Nigeria,' *International Journal of Biochemistry Research & Review* CRR, 11(3): 17; 24955.

Nimse, S. B.; Pal, D. (2015) 'Free radicals, natural antioxidants and their reaction mechanisms' *Royal Society of Chemistry Advances*; 5, pp. 27986 -28006

Onukogu, S. C.*et al.* (2019) "Antioxidantes in vitro, antimicrobianos e resposta bioquímica do extrato de folha de metanol de Eucalyptus camaldulensis após administração subaguda a ratos", *Saudi Journal of BiomedicalResearch;* 4(11) pp. 405-11.

Odebode, F. D. *et al.* (2017) 'Composição nutricional, potencial antidiabético e antilipidémico de misturas de farinha feitas de banana verde, bagaço de soja e farelo de arroz', *Journal of Food Biochemistry,* pp. 1-9. doi: 10.1111/jfbc.12447.

Oyaizu, M. (1986) "Estudos sobre produtos de reacções de escurecimento: actividades antioxidantes de produtos de reacções de escurecimento preparados a partir de glucosamina", *Japanese Journal of Nutrition and Dietetics*; 44 pp. 307-

315.

Popkin, B. M. (2002) 'The shift in stages of the nutrition transition in the developing world differs from past experiences!', *Malaysian Journal of Nutrition,* 8(1), pp. 109-124. doi: 10.1079/PHN2001295

Rehman, G. *et al.* (2018) 'Efeitos antidiabéticos in vitro e potencial antioxidante das vagens de cassia nemophila', *BioMedResearch International,* 2018. doi: 10.1155/2018/1824790.

Rajagopal, P *et al.* (2013) "Revisão fitoquímica e farmacológica sobre Cassia fstula linn. "O chuveiro dourado" *Jornal Internacional de Ciências Farmacêuticas, Químicas e Biológicas;* 3(3). Rajeswari, R. e Sriidevi, M. (2014) "Estudo da atividade de captação de glicose in vitro de compostos isolados do extrato hidroalcoólico de folhas de cardiospermum halicacabum linn", *International Journal of Pharmacy and Pharmaceutical Sciences,* 6(11), pp. 181-185

Shui, G. e Leong, L. P. (2004) "Analysis of polyphenolic antioxidants in star fruit using liquid chromatography and mass spectrometry", *Journal of Chromatography A,* 1022(1-2), pp. 67-75. doi: 10.1016/j.chroma.2003.09.055.

Srividhya, M. *et al.* (2017) 'Bioactive Amento flavone isolated from Cassia Fistula L. leaves exhibits therapeutic efficacy', *3 Biotech.* Springer Berlin Heidelberg, 7(1), pp. 1-5. doi: 10.1007/s13205-017-0599-7.

Sun, Q.*et al.* (2010) 'White rice, brown rice, and risk of type 2 diabetes in US men and women', *Archives of Internal Medicine,* 170, pp. 961-969.

Smit, R., Neeraj, K. e Preeti, K. (2013) Traditional Medicinal Plants Used for the Treatment of Diabetes, *International Journal of Pharmaceutical and Psychopharmacological Research,* 3 (3), pp. 171-175.

Shahidi, F.; Zhong, Y. (2010) 'Novel antioxidants in food quality preservation and health promotion,' *European Journal of LipidScience Technology;* 112 pp. 930-940.

Toiu A, Mocan A, Vlase L, Pârvu AE, Vodnar DC, Gheldiu AM, Moldovan C, Oniga I (2018). Composição fitoquímica, antioxidante, antimicrobiana e atividade anti-inflamatória in vivo de Ajuga laxmannii (Murray) Benth. (Barba de Nobre - Barba Împaratului), *"Frontier Pharmacology;* 9:7

Umar, S.I.*et al* (2019) "Actividades antioxidantes e antimicrobianas de flavonóides naturais de M. heterophylla e avaliação da segurança em ratos Wistar", *Iranian Journal of Toxicology;* 13(4) pp. 39-44.

Usuki, R.; Endoh, Y.; Kaneda, T. (1981) "A simple and sensitive evaluation method of antioxidant activity by the measurement of ultra-weak chemiluminescence," *Nippon Shokuhin Kogyo Gakkaishi;* 28(11) pp. 583- 587.

Organização Mundial de Saúde (2016) *Global report on diabetes*, Genebra: Autor.

Organização Mundial de Saúde (2002) *Who launches the first global strategy on traditional medicine,* Comunicado de Imprensa OMS 38, Organização Mundial de Saúde, Genebra, Suíça.

OMS (2008) *Diet, nutrition and the prevention of chronic diseases.* Relatório de uma consulta conjunta de peritos da OMS/FAO; Genebra, Suíça.

PARTE 4
CAPÍTULO 1

Libertação de insulina de origem vegetal a partir de cinética de *Musa parasidiaca* para o controlo da diabetes mellitus tipo 2

Resumo

A absorção de glicose e a cinética de crescimento com fracções de extrato de *Musaparasidiaca* foram estudadas utilizando técnicas padrão. Foi utilizada uma cultura de linha celular de levedura pura para avaliar a capacidade da célula de levedura para crescer e absorver glucose do sistema impulsionado por fracções de extrato de plantas alimentares. Os resultados mostraram que a cinética de crescimento das células de levedura com fracções de extrato a taxas mais elevadas se encontrou com a melhoria da membrana celular mais rapidamente $P<0,05$. Algumas destas fracções de extrato foram muito activas em concentrações muito baixas em comparação com o medicamento padrão; estas podem ser candidatas a medicamentos para a formulação de medicamentos para a diabetes tipo 2 que podem competir favoravelmente com os medicamentos padrão que estão carregados de efeitos secundários e diferentes níveis de complicações. As fracções do extrato, sendo de origem vegetal alimentar, não têm toxicidade esperada e são um antioxidante natural. A modelação cinética das fracções do extrato com células de levedura sugeriu uma "libertação de insulina limitada no tempo Sistema" (TBIRS) in situ, onde foi possível a absorção de glicose num determinado momento, semelhante a uma cinética de libertação de insulina basal, o que pode abrir perspectivas para a conceção de medicamentos para a diabetes de tipo 2 que apoiem uma regulação extensiva da glicose no sangue, o que é extremamente necessário para os diabéticos, a fim de diminuir o problema dos regimes de medicamentos, uma vez que existe uma elevada previsibilidade da eficácia das fracções do extrato no futuro como candidato a medicamento para a diabetes de tipo 2.

Palavras-chave: Cinética de absorção de glicose, *Musaparasidiaca,* Cinética de crescimento de células de levedura, Diabetes tipo 2, Insulina à base de plantas, Fracções de extrato, Gráfico quadrático observado.

1.0 INTRODUÇÃO

A diabetes é uma doença metabólica considerada como um estado de hiperglicemia. Das principais formas de diabetes, a mais difundida é a diabetes tipo 2, que ocorre em cerca de 90 a 95% dos casos de diabetes em todo o mundo, sendo a obesidade o fator de risco mais relevante para o início clínico dos casos, com a adiposidade a produzir a progressão da resistência à insulina (American Diabetes Association, 2019). Uma vez ingeridos os alimentos, as concentrações de insulina aumentam no sangue. Esta hormona, secretada pelas células β-pancreáticas, é a grande responsável por regular a entrada de glicose nas células musculares e hepáticas (Bertuzzi et al; 2016). Este aumento ocorre porque, após a insulina se ligar ao seu recetor membranar (recetor de insulina ou IR), há uma alteração conformacional na estrutura do IR levando à sua auto-fosforilação em resíduos de tirosina, este processo permite a transdução de sinal no interior da célula.

A insulina, uma hormona composta por duas cadeias polipeptídicas contendo 51 aminoácidos, actua principalmente nos tecidos periféricos, sobretudo nos músculos e no fígado (Shaw, 2011). O mediador da ação da insulina são os seus receptores, Insulin Recetor Substrate (IRS), que são uma família de proteínas, tendo o IRS-1 sido o primeiro membro a ser identificado. Estas proteínas desencadeiam um complexo de sinalização e um dos mais estudados envolve a amplificação da fosfoinositídeo 3-quinase (PI3K), que ativa a proteína quinase B - AKT e culmina, entre vários aspetos, na glicólise e gliconeogénese. Esta ativação implica diretamente na homeostase da glicose através da captação de glicose através da membrana celular pelo transportador de glicose (GLUT) (Boucher et al; 2014).

Apesar do conhecimento detalhado do mecanismo de ação da insulina (Bertuzzi et al; 2016 e Aronoff et al; 2004) e de como a maioria dos agentes hipoglicemiantes atua,4 a busca por moléculas com atividade semelhante à insulina é incessante. Esse esforço se justifica tendo em vista a eficácia desse peptídeo, a insulina, no processo de regulação da glicemia. Sabe-se que o uso de insulina sintética tem sido um divisor de águas no tratamento tanto do diabetes mellitus tipo 1 quanto do diabetes mellitus tipo 2 (Beigi et al; 2011). No entanto, a procura de moléculas ou compostos com caraterísticas semelhantes à insulina, naturais, principalmente de origem vegetal, sem dúvida, também assumem um papel de destaque nesta busca por novas terapias. Nomeadamente, na tentativa de minimizar o estado de resistência à insulina e consequentemente controlar a diabetes mellitus tipo 1 e também a diabetes mellitus tipo 2.

O estado metabólico de resistência à insulina provoca o estado inicial de hiperglicemia, que pode culminar na diabetes mellitus tipo 2. A resistência à insulina causa uma redução na tolerância à glicose e, se esse quadro persistir, gera uma diminuição da massa de células β pancreáticas, e culmina no estabelecimento do diabetes mellitus tipo 2 (Prasad et al; 2018).

A diabetes mellitus tipo 2 está associada a várias co-morbilidades, como as doenças cardiovasculares;

Prasad et al; (2018) estado inflamatório grave, Carvalho et al; (2016) neoplasias Kitamura et al; (2017) e Choi et al; (2018) retinopatia e nefropatia (Bem et al; 2018). Assim, indivíduos acometidos com diabetesa mellitus tipo 2 necessitam de constante controle glicêmico e, por isso, pesquisas têm buscado agentes terapêuticos que possibilitem a manutenção do perfil glicêmico, principalmente os de origem natural. Diversos estudos Lo et al; (2014); Lo et al; (2013); Moher et al; (2015) e Hooijmans et al; (2014) mostram o efeito de vegetais em alguns distúrbios metabólicos.

Entre os compostos bioativos, as proteínas e peptídeos, de origem vegetal, têm recebido atenção da comunidade científica no que se refere à investigação do seu potencial hipoglicemiante. Seus mecanismos de ação no controle glicêmico ainda não foram devidamente explicados, e poucos estudos definiram as estruturas das proteínas, com suas respectivas sequências de aminoácidos definidas e conformação (Lo et al; 2014 e Lo et al; 2013).

As moléculas transportadoras de glicose são reguladas pelos leptócitos

e miócitos em resposta à elevada secreção de insulina no sangue, resultando num efeito hipoglicémico (Rajeswari e Sriidevi,
2014). Pelo contrário, os estudos relativos ao efeito de fármacos na redução da hiperglicemia pós-prandial têm sido um dos aspetos importantes na gestão da diabetes mellitus, sendo esta uma abordagem terapêutica bem focada até à data.

PARTE 4
CAPÍTULO 2

2.0 MATERIAIS E MÉTODO

2.1   Produtos químicos

Os produtos químicos utilizados neste estudo eram de grau analítico e produtos da Sigma Aldrich. Os produtos químicos utilizados incluem metanol, tampão fosfato, 2,2-difenil-1-picrilhidrazil (DPPH), hexacianoferrato de potássio (III), cloreto férrico, ácido tiobarbitúrico (TBA), dodecil sulfato de sódio (SDS), sulfato ferroso, ácido acético (TCA), levedura de padeiro, ácido ascórbico e metronidazol.

2.2   Materiais vegetais: Recolha e identificação

A Musa paradisiaca (fruto de plátano não maduro) foi obtida de uma fonte comercial nos Estados de Benue e Nasarawa, na Nigéria; um botânico identificou as plantas. As plantas foram descascadas, lavadas, cortadas em pequenos pedaços e secas ao ar a 37° C durante três dias para reduzir o teor de humidade.

2.3   Processo de moagem (pulverização)

A amostra de *Musa paradisiaca* (Tanchagem verde ou UNRP) para o estudo foi triturada até se tornar pó utilizando um moinho eletrónico modelo Nima Japan. A amostra triturada foi embalada num saco de poliestireno (nylon) e colocada num exsicador com coloide (exsicante) para evitar que a amostra absorvesse humidade da atmosfera. O material de amostra vegetal seco e pulverizado (em pó) foi armazenado num exsicador até à sua utilização.

2.4 Extração com metanol da amostra de planta

O material em pó fino foi extraído de forma a obter substâncias activas com um solvente adequado (metanol). Para a preparação do extrato metanólico, 100 g de *Musa paradisica* em pó foram pesados num copo de 1000 ml e extraídos exaustivamente por adição de 80% de metanol durante dezoito horas a uma temperatura de sonicação de 30° C sob condições de agitação. De seis em seis horas, a solução foi submetida a uma sonicação durante vinte minutos para obter os agentes antidiabéticos precisos (componente bioativo) da amostra de planta, seguida de filtração para obter um volume final de 1 litro (1000mL). O extrato foi filtrado com papel Whitman (n.º 1) e concentrado até à secura sob pressão reduzida e a uma temperatura controlada (40 - 50º C) num banho de água controlado digitalmente e fraccionado sequencialmente (partição) por n-hexano, clorofórmio e etanoato de etilo (acetato de etilo). As fracções de extrato de n-hexano, clorofórmio e etanoato de etilo foram então evaporadas sob pressão reduzida.

2.5 Filtração das amostras extraídas

Após a sonicação da amostra, verificou-se uma separação transparente entre o sobrenadante e o resíduo cimentado no fundo do frasco cónico. No entanto, o processo de filtração evitou a entrada de resíduos minúsculos no filtrado decantado. O papel Whitman (n.º 1) foi dobrado duas vezes num funil de plástico e colocado sobre um frasco cónico. A solução separou-se através do funil com o papel de filtro dobrado e, gradualmente, o filtrado foi recolhido no fundo do frasco cónico, enquanto o resíduo foi retido pelo papel de filtro.

2.6 Concentração do filtrado

O filtrado recolhido continha metanol e água juntamente com o extrato. Para separar o metanol utilizado na extração, foi utilizado um banho de água controlado digitalmente. O objetivo era remover o solvente de extração (metanol) e concentrar o extrato. O banho de água controlado digitalmente permitiu a evaporação do metanol a 40º C.

2.7 Liofilização

O extrato concentrado continha igualmente água, que foi removida após a evaporação do metanol do filtrado. O extrato foi congelado a -20º C e seco num sistema de vácuo-compressão para eliminar a água, utilizando um liofilizador modelo LGJ-18 equipado com uma bomba de compressão.

2.8 Fracionamento de extractos brutos (partição)

Fracionamento do extrato bruto em metanol (partição): 10 g do extrato

foram dissolvidos em 100 ml de água destilada e particionados em fracções de n-hexano, clorofórmio e acetato de etilo, por ordem crescente de polaridade do solvente (n-hexano < clorofórmio < acetato de etilo < água destilada), utilizando uma ampola de decantação. As fracções resultantes foram secas a uma temperatura reduzida de 40° C com um banho de água controlado digitalmente. Tomou-se o peso de cada fração. As fracções foram reagidas com células de levedura para determinar a viabilidade, a cinética da absorção de glucose pelas células de levedura e o crescimento das células de levedura.
O método de Kabir et al; (2005) foi utilizado para identificar as fracções bioactivas.

Após o fracionamento do extrato de plátano não maduro (UNRP), foram particionadas um total de quatro (4) fracções (tabela 2.1).
As fracções de extrato codificadas utilizaram duas letras e um número. O prefixo é o nome da planta alimentar, o sufixo é o nome do solvente utilizado para a extração dessa fração específica, enquanto o número é a fração dividida e numerada de acordo com a sua separação do funil de separação (quadro 1).

Tabela 2.1: Apresentando as fracções do particionamento dos extractos brutos com n-hexano, clorofórmio, acetato de etilo e solução aquosa

Samples	Hex	$CHCl_3$	EtOAc	Aqueous
Unripe Plantain (UNRP)	UH_1, UH_2	UC	UE	-

Tabela 2.2: Rendimento percentual das fracções a partir de 10 g dos extractos brutos

	Hex	$CHCl_3$	EtOAc	Aqueous
Wt. of Solvent used	100%	100%	100%	100%
Wt. of fractions (g)	UH_1 =2.9 UH_2 =2.6	UC =1.5	UE =3.0	
% Wt. of the fractions	UH_1 =29 UH_2 =29	UC =15	UE =30	

2.9 Análise cinética da absorção de glucose e do crescimento de células de levedura

A análise cinética da absorção de glucose e do crescimento das células de levedura foi efectuada com a técnica de Cirillo (1962), com ligeiras modificações. O ensaio de exclusão do corante azul de Tripan foi utilizado com um hemocitómetro para avaliar a densidade e a viabilidade das células. Foram selecionadas 3 fracções de extrato de UH1, UH2 e UE de catorze (4) fracções que mostraram uma elevada absorção de glucose a 10 mM/L de solução de glucose, e foram tratadas de forma semelhante ao medicamento padrão metronidazol (MET) como controlo. O período de incubação padrão de uma hora (60 minutos), que as células de levedura utilizam na absorção de glucose pelas células de levedura, foi alterado para um intervalo de dez minutos para cada concentração, começando no minuto zero.

As cinco fracções de extrato e o medicamento padrão metronidazol foram colocados em sete configurações de concentração diferentes, tendo cada uma delas o seu controlo. Primeiro, 0,0005g da fração do extrato e o medicamento padrão foram dissolvidos em 100ml de metanol como solução de reserva, e foi efectuada uma diluição em série da solução de reserva nas concentrações de 500, 250, 125, 62,5, 31,25, 15,63, 7,81 e 3,91pg/mL em tubos de amostra, respetivamente. Em seguida, adicionou-se 1mL de extrato da fração aos tubos de ensaio, seguido de 1ml de solução de glucose 10mM/L, e incubou-se durante 10 minutos a 37° C. Depois disso, foi adicionado 1mL de suspensão de levedura a 1% e incubado a 0, 10, 20, 30, 40, 50 e 60 minutos, respetivamente.

No final de cada tempo de preparação, foi adicionado o reagente ácido 3,5-dinitrosalicílico (DNSA). Para permitir que a célula de levedura reaja de acordo com o padrão de crescimento da célula de levedura e, ao mesmo tempo, absorva glucose, os tubos foram aquecidos em água a ferver durante cinco minutos (sem que o conteúdo do tubo de ensaio ferva). O resultado foi uma mudança de cor de amarelo para vermelho-tijolo. A absorvância de cada preparação foi obtida utilizando um espetrofotómetro (UV - 1800 SHIMADZU) a 540nm. O aumento percentual da absorção de glucose foi calculado com a fórmula: Aumento da absorção de glucose = absorvância do controlo menos a absorvância da amostra dividida pela absorvância do controlo multiplicada por 100.

2.9 Análise estatística

Os dados foram recolhidos utilizando uma análise de variância (ANOVA) unidirecional e bidirecional, bem como um teste T independente e uma análise de teste T emparelhado. Os grupos foram considerados significativos se $P < 0.05$ e, um valor F foi significativo para ANOVA. A diferença entre todos os pares foi realizada usando o teste Ducan Post Hoc; SPSS versão 26 e Microsoft excel windows 10 foram usados para análise estatística e geração de dados - figura.

PARTE 4
CAPÍTULO 3

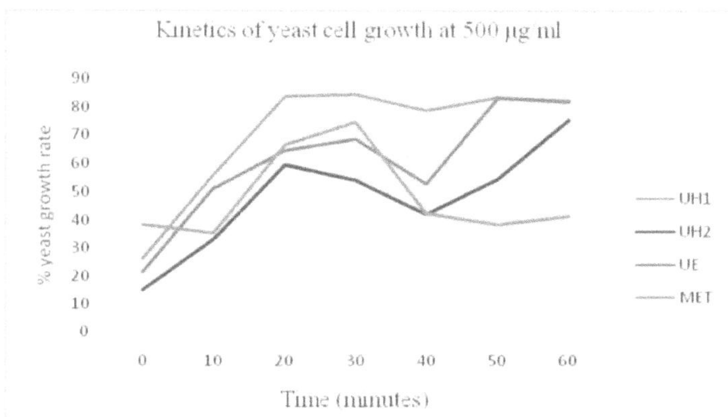

Figura 3.1: Taxa de crescimento de células de levedura a uma concentração de 500µg/ml; mostrando padrão de crescimento não estruturado. Os valores são apresentados como média ± desvio padrão de triplicatas. Valores com alta concentração de atividade são significativamente diferentes em *P*< 0,05.

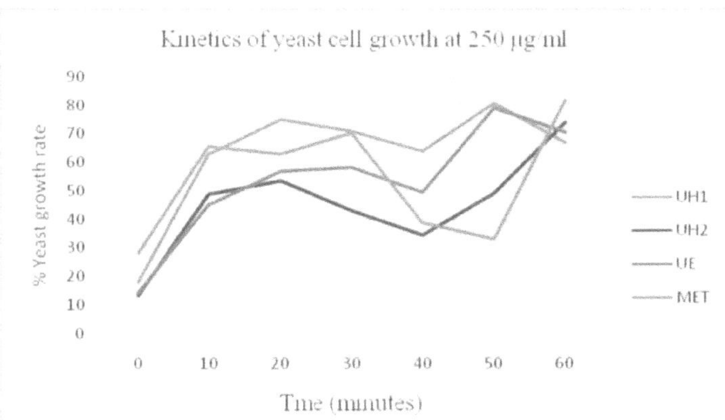

Figura 3.2: Taxa de crescimento de células de levedura a uma concentração de 250µg/ml; mostrando um crescimento não estruturado. Os valores são apresentados como média ± desvio padrão de triplicatas. Valores com alta concentração de atividade são significativamente diferentes em *P*< 0,05.

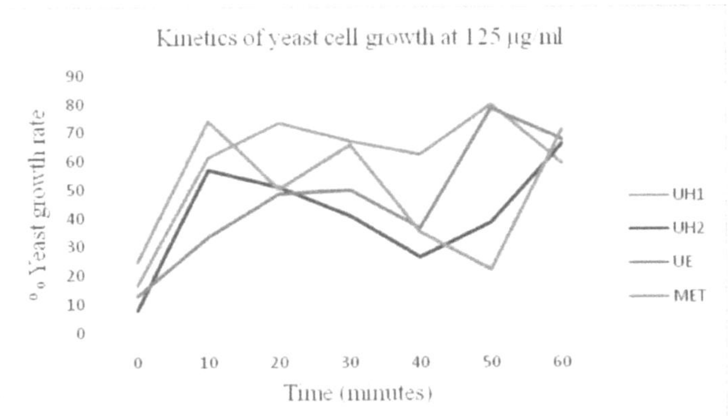

Figura 3.3: Taxa de crescimento de células de levedura a uma concentração de 125 µgml; mostrando um padrão de crescimento não estruturado. Os valores são apresentados como média ± desvio padrão de triplicatas. Os valores com elevada concentração de atividade são significativamente diferentes a P<0,05.

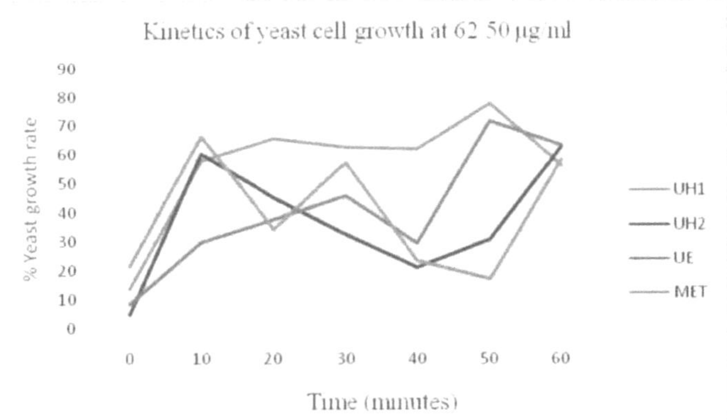

Figura 3.4: Taxa de crescimento de células de levedura a uma concentração de 62,50µg^l; mostrando padrão de crescimento não estruturado. Os valores são apresentados como média ± desvio padrão de triplicatas. Os valores com elevada concentração de atividade são significativamente diferentes a $P< 0,05$.

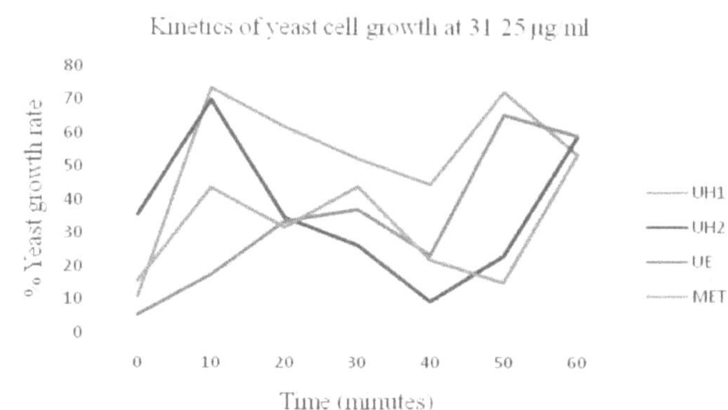

Figura 3.5: Taxa de crescimento de células de levedura a uma concentração de 31,25µg/ml; mostrando padrão de crescimento não estruturado. Os valores são apresentados como média ± desvio padrão de triplicatas. Valores com alta concentração de atividade são significativamente diferentes em $P < 0{,}05$.

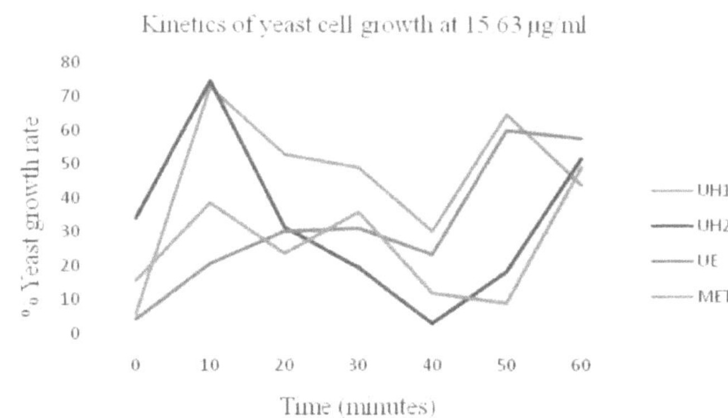

Figura 3.6: Taxa de crescimento de células de levedura a uma concentração de 15,63µg^l; mostrando padrão de crescimento não estruturado. Os valores são apresentados como média ± desvio padrão de triplicatas. Os valores com elevada concentração de atividade são significativamente diferentes a $P < 0{,}05$.

163

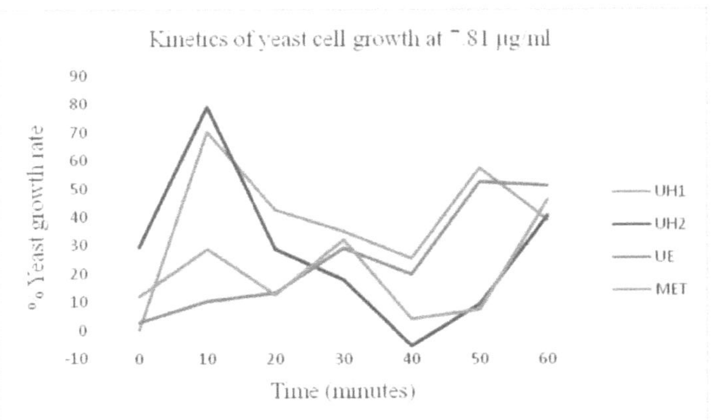

Figura 3.7: Taxa de crescimento de células de levedura a uma concentração de 7,81µg/ml; mostrando padrão de crescimento não estruturado. Os valores são apresentados como média ± desvio padrão de triplicatas. Valores com alta concentração de atividade são significativamente diferentes em *P* <0,05.

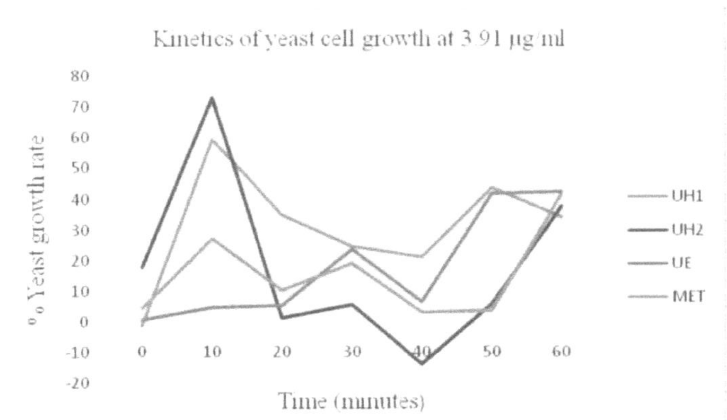

Figura 3.8: Taxa de crescimento das células de levedura a uma concentração de 3,9^g/ml; mostrando um padrão de crescimento não estruturado. Os valores são apresentados como média ± desvio padrão de triplicados. Os valores com uma concentração de atividade elevada são significativamente diferentes a *P*< 0,05.

A taxa de crescimento das células de levedura a uma concentração de 500, 250, 125, 62,5, 31,25, 15,63, 7,81 e 3,91gg/ml (figuras 3.1 a 3.8), respetivamente, mostrou um crescimento celular que utilizou as fracções do extrato para melhorar o processo de multiplicação das células. As fracções do extrato foram superiores em comparação com o medicamento padrão, facilitando a utilização da energia dos nutrientes (glucose) para o crescimento das células de levedura. O padrão de crescimento não estava estruturado. Este facto justificou a utilização de equações de ordem polinomial para modelar a natureza não estruturada. Mais uma vez, o crescimento seguiu os padrões de crescimento microbiano estabelecidos - fase de atraso (inicial), fase exponencial (crescimento), fase de desaceleração (declínio), fase estacionária (paragem) e fase morta. No entanto, o padrão de crescimento das células de levedura observado exibiu apenas a fase exponencial, diminuiu aos 40 minutos e continuou a ritmos diferentes, com as fracções menos (ou mais) facilitadoras a continuarem mais rapidamente do que as fracções mais (ou menos) facilitadoras, incluindo o medicamento padrão. O padrão de crescimento não sugeriu a morte das células de levedura, tendo sido observada uma nova fase de crescimento exponencial quase imediatamente após o declínio.

No entanto, este facto pode ter sido influenciado pelo fator tempo.

Além disso, a concentração da fração de extrato de 31,25, 15,63, 7,81, e 3,91gg/ml (figura 3.5, 3.6, 3.7, e 3.8) demonstrou indicações de um crescimento celular retardado da levedura de - 20%, - 22%, - 24% e - 38% respetivamente. De um modo geral, observou-se a partir dos resultados que as fracções de extrato menos facilitadoras se transformaram gradualmente em fracções de extrato mais facilitadoras com uma diminuição da concentração da fração de extrato.

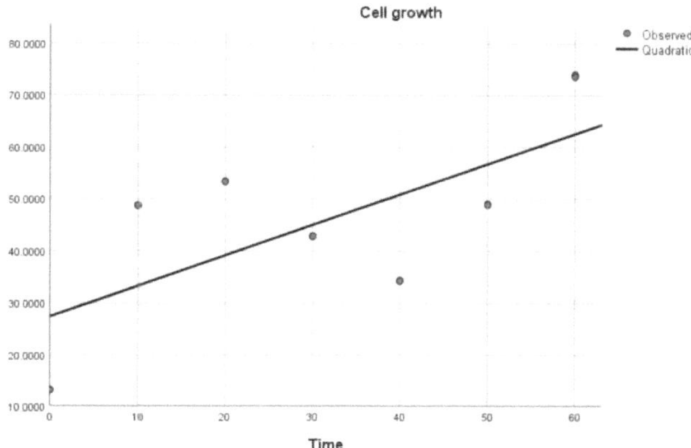

Figura 3.9: Gráfico quadrático do crescimento celular observado em função do tempo (minutos) para a cinética UH2 a 250pg/ml, sem crescimento celular efetivo, mas apenas com libertação de insulina durante os 60 minutos.

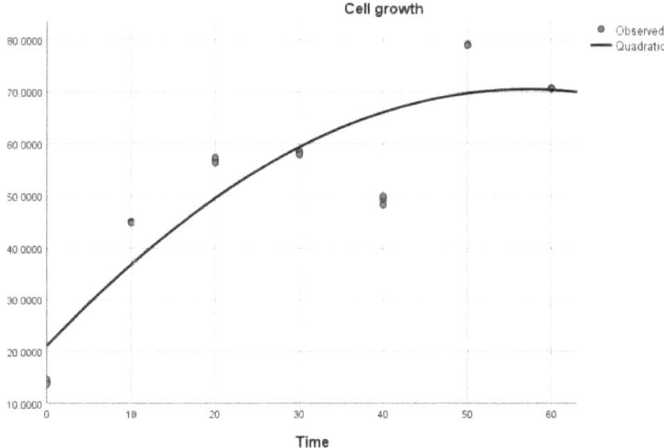

Figura 3.10: Gráfico quadrático do crescimento celular observado em função do tempo (minutos) para a cinética da UE a 250,0 pg/ml, com o crescimento celular real a ocorrer nos tempos 0, 20, 30 e 40 minutos, enquanto a libertação de insulina ocorreu aos 10, 50 e 60 minutos, respetivamente.

Tabela 3.1: Cinética observada do crescimento das células de levedura e da absorção de glucose in situ.

Concentration of extract fractions (µg/ml)	Observed yeast cell growth	Time (Minutes)	Glucose uptake (µg/ml)	Time (Minutes)
UH1 3.91	YES	50	YES	0, 10, 20, 30, 40, 60
UH2	YES	0, 30	YES	10, 20, 40, 50, 60
UE	YES	50	YES	0, 10, 20, 30, 40, 60
MET	YES	0, 10, 20	YES	30, 40, 50, 60
UH1 7.81	YES	30, 50	YES	0, 10, 20, 40, 60
UH2	YES	0	YES	10, 20, 30, 40, 50, 60
UE	YES	20, 40, 50, 60	YES	0, 10, 30
MET	YES	60		0, 10, 20, 30, 40, 50
UH1 15.63	YES	0, 20	YES	10, 30, 40, 50, 60
UH2	YES	30, 50	YES	0, 10, 20, 40, 60
UE	YES	0	YES	10, 20, 30, 40, 50, 60
MET	YES	10, 30, 40, 50	YES	0, 20, 60
UH1 31.25	YES	50	YES	0, 10, 20, 30, 40, 60
UH2	YES	0, 20	YES	10, 30, 40, 50, 60
UE	YES	40, 60	YES	0, 10, 20, 30, 50

MET	YES	0, 10	YES	20, 30, 40, 50, 60
UH1 62.50	YES	0, 10, 20	YES	30, 40, 50, 60
UH2	YES	30, 50, 60	YES	0, 10, 20, 40
UE	YES	10	YES	0, 20, 30, 40, 50, 60
MET	YES	20, 40, 50, 60	YES	0, 10, 30
UH1 125.00	YES	50	YES	0, 10, 20, 30, 40, 60
UH2	YES	0, 10, 20, 30	YES	40, 50, 60
UE	YES	40, 60	YES	0, 10, 20, 30, 50
MET	YES	0, 10	YES	20, 30, 40, 50, 60
UH1 250.00	YES	10, 30, 50	YES	0, 20, 40, 60
UH2	NO	-	YES	0, 10, 20, 30, 40, 50, 60
UE	YES	0, 20, 30, 40	YES	10, 50, 60
MET	YES	50	YES	0, 10, 20, 30, 40, 60
UH1 500.00	NO	-	YES	0, 10, 20, 30, 40, 50, 60
UH2	YES	0, 20, 30, 40	YES	10, 50, 60
UE	YES	60	YES	0, 10, 20, 30, 40, 50
MET	YES	0, 10	YES	20, 30, 40, 50, 60

Tabela 3.2: Taxa de crescimento das células de levedura (declive) com o tempo em diferentes concentrações de fracções de extrato

Extract fraction	500µg/ml	250µg/ml	125µg/ml	62.5µug/ml	31.25µg/ml	15.63µg/ml	7.81µg/ml	3.91µg/ml
UH1	0.771904	0.613472	0.546823	0.582429	0.387369	0.270834	0.264565	0.221637
UH2	0.736619	0.58505	0.40276	0.322705	-0.17592	-0.3159	-0.50066	-0.31723
UE	0.830033	0.823525	0.86928	0.859918	0.881306	0.829878	0.841346	0.714909
MET	-0.03167	0.256956	0.067693	0.00205	0.165379	0.105443	0.183761	0.206219

Tabela 3.3: Resumo dos valores de R^2 da modelação cinético-quadrática das fracções de extrato

µg/ml	UH1%	UH2%	UE%	MET%
3.91	12.1	25.9	77.7	21.6
7.81	15.1	28.2	86.8	16.9
15.63	22.1	29.6	79.9	6.8
31.25	34.0	28.0	77.0	5.6
62.5	78.7	11.3	74.5	0.0
125	75.1	20.1	73.9	1.1
250	76.5	46.3	79.5	7.8
500	90.9	68.4	76.9	35.1

A análise estatística da cinética de crescimento das células de levedura na concentração da fração de extrato de 3,91, 7,81, 15,63, 31,25, 62,5, 125, 250 e 500µgZml (figuras 3.9 a 3.10) respetivamente mostrou o crescimento celular observado, bem como a absorção de glicose observada ao mesmo tempo no gráfico de cinética quadrática. O crescimento das células de levedura foi melhorado e facilitado pelas fracções de extrato como energia nutritiva para o crescimento celular em condições específicas favoráveis no período de uma hora da experiência. Da mesma forma, quando as condições para o crescimento celular não eram favoráveis, a absorção de glucose era possível no período em que o crescimento celular não era observado. O resultado pormenorizado do gráfico cinético quadrático é apresentado na tabela 3.1.

As taxas cinéticas (declives) do crescimento das células de levedura com o tempo em diferentes concentrações de fracções de extrato (tabela 3.2) mostraram uma diminuição na taxa de crescimento celular e de absorção de glucose com uma diminuição correspondente na concentração da fração de extrato. A cinética das fracções do extrato foi mais elevada e melhor do que a do medicamento padrão em todas as concentrações. A implicação disto é que as fracções de extrato exibiram potencial para facilitar a utilização de nutrientes de glucose para energia mais rapidamente para o crescimento celular em comparação com o medicamento padrão.

Além disso, algumas das fracções de extrato realizaram este processo a uma concentração muito baixa de 3,91pg/ml; as células utilizaram a glicose como energia nutritiva; facilitada pelas fracções de extrato para o crescimento celular foi um processo duplo in situ; onde foi possível para as fracções de extrato sustentar tanto o crescimento celular como a absorção de glicose do sistema (Song *et al;* 2014).

PARTE 4
CAPÍTULO 4

4.0 DISCUSSÃO E CONCLUSÃO

Além disso, a absorção de glucose pelas células de levedura pode ser diferente da de outras células eucarióticas ou do corpo humano. O transporte de glucose através da membrana da levedura pode envolver uma difusão facilitada e não a mediação de um sistema enzimático de fosfotransferase ou qualquer outro processo desconhecido. A absorção de glicose pelas células de levedura pode ser afetada por diversas variáveis, tais como a concentração de glicose no interior das células ou o metabolismo subsequente da glicose. Se a maior parte do açúcar interno for prontamente convertido noutros metabolitos, a concentração interna de glicose será baixa e será favorecida uma elevada absorção de glucose pela célula. Do mesmo modo, é possível que a absorção de glicose pelas células de levedura na presença do extrato se deva tanto a uma difusão facilitada como a um metabolismo elevado da glicose. Será certamente muito interessante explorar a atividade das fracções do extrato natural in vivo (o presente estudo incide sobre a atividade in vitro), o que poderá contribuir para uma melhor absorção da glicose pelas células musculares e pelos tecidos adiposos do organismo. O extrato poderia ligar eficazmente a glicose e transportá-la através da membrana celular para posterior metabolismo. Quanto mais desestruturado for um substrato ou uma substância, mais complexa é a elucidação de informações sobre essa substância em particular; neste caso, as fracções do extrato em comparação com o medicamento padrão. A natureza não estruturada das fracções de extrato justificou a aplicação de diferentes modelos cinéticos que produziram diferentes ordens polinomiais, de modo a obter o melhor ajuste para cada fração nas diferentes concentrações e a utilização subsequente do modelo quadrático para explicar a absorção de glucose pelas células, bem como o crescimento celular observado da levedura.

A cinética do crescimento das células de levedura com fracções de extrato a taxas mais elevadas (declive) é capaz de melhorar ou curar mais rapidamente. Algumas destas fracções de extrato eram muito activas em concentrações muito baixas em comparação com o medicamento padrão; isto sugere que estas podem ser candidatas à formulação de medicamentos para a diabetes tipo 2 que podem competir favoravelmente com os medicamentos padrão que estão carregados de efeitos secundários e diferentes níveis de complicações. Mais importante ainda, as fracções de extrato, sendo de origem vegetal alimentar, não têm toxicidade esperada e são um antioxidante natural.

A modelação cinética das fracções de extrato com células de levedura deu origem, sugestivamente, a um "Sistema de Libertação de Insulina Ligado ao Tempo" (TBIRS in situ, em que a absorção de glicose (eliminação do excesso de açúcar do sistema) foi possível num determinado momento) semelhante à cinética de libertação de insulina basal, o que pode levar a perspectivas para a conceção de medicamentos para a diabetes tipo 2, a fim de apoiar uma regulação extensiva da glicose no sangue, que é extremamente necessária para os diabéticos, a fim de diminuir o problema do regime de medicamentos (Yang e Cao, 2017).

A função prevista das fracções de extrato no futuro para apoiar o crescimento celular e a absorção de glicose a partir dos valores resumidos de R^2 da modelação cinético-quadrática das fracções de extrato (tabela 3.3) mostrou uma previsibilidade muito elevada para sustentar a utilização facilitada da energia dos nutrientes (glicose) para o crescimento das células de levedura, como observado pelos valores elevados de R^2. Os valores de R^2 das fracções do extrato foram superiores aos do medicamento padrão em todas as concentrações. Estas previsões para o crescimento das células de levedura prevêem, ao mesmo tempo, a função das fracções de extrato para absorver a glicose do sistema.

Vale a pena notar que no mesmo gráfico cinético quadrático de crescimento de levedura observado, no período em que o crescimento das células estava a ocorrer, a absorção de glicose pelas células foi inibida. Além disso, é interessante notar que na concentração mais baixa de 3,91pg/ml, a absorção de glucose pelas células foi possível durante todo o período de 60 minutos e outros (tabela 3.1).

R^2 é conhecido como uma métrica de erro de regressão que explica o desempenho do modelo utilizado. Representa o valor de quanto a variável independente é capaz de descrever o valor da resposta e ou da variável-alvo. Neste caso, o tempo foi a variável independente e a concentração fraccionada foi a variável dependente; portanto, prevendo a resposta das fracções do extrato no futuro como um candidato a medicamento para a diabetes tipo 2.

4.1 CONCLUSÃO

Os resultados da cinética mostram que a fração UE com o valor R^2 mais elevado, tanto em concentrações elevadas como baixas, foi a fração de extrato mais previsível. A previsibilidade das fracções de extrato variou, uma vez que algumas conseguiram aumentar as suas previsões com um aumento das concentrações de extrato (UH1); enquanto outras diminuíram as suas previsões com um aumento das fracções de extrato (UH2). No entanto, a fração de extrato UE foi capaz de fazer previsões tanto em concentrações crescentes como decrescentes (ou seja, em concentrações altas e baixas). No entanto, o medicamento padrão só foi capaz de prever a sua utilidade futura na concentração mais elevada de 500 g/ml, o que sugere uma eficácia muito baixa do medicamento em comparação com as fracções do extrato. O valor R^2 mostra a utilidade da previsão; com concentrações mais elevadas das fracções de extrato, é, portanto, mais fácil prever o seu desempenho, mesmo a baixas concentrações.

Este estudo propõe mais investigação para encapsular separadamente as fracções de extrato altamente bioactivas e codificá-las de acordo com as suas diferentes funções como medicamento para doentes diabéticos de tipo 2. Será necessário um ensaio do medicamento em animais para monitorizar o desempenho in vivo do medicamento e o subsequente ensaio voluntário em humanos.

Declaração do Conselho de Revisão Institucional

O estudo foi realizado em conformidade com a Declaração de Helsínquia e aprovado pelo Conselho de Revisão Institucional da Universidade de Nicósia; a data de aprovação é 15 de janeiro de 2020.

Financiamento

Esta investigação não recebeu qualquer financiamento externo

ORCID iD: https://orcid.org/00001-8794-5960

REFERÊNCIAS

American Diabetes Association (2019) "Classification and diagnosis of diabetes: standards of medical care in diabetes-2019", *Diabetes Care.* 42: S13-S28.

Bertuzzi A, Conte F, Mingrone G, Papa F, Salinari S, Sinisgalli C. (2016) 'Insulin signaling in insulin resistance states and cancer: a modeling analysis,' *PLoS One.;* 11(5):1-26.

Aronoff SL, Berkowitz K, Shreiner B, Want L. (2004) 'Glucose metabolism and regulation: beyond insulin and glucagon,' *Diabetes Spectrum* 17(3):183-190.

Shaw LM. (2011) 'The insulin recetor substrate (IRS) proteins: at the intersection of metabolism and cancer,' *Cell Cycle;* 10 (11):1750-1756.

Boucher J, Kleinridders A, e Kahn CR. (2014) 'Sinais do recetor de insulina sinalizam a sinalização em estados normais e resistentes à insulina', *Cold Spring Harbor Perspective in Biology;* 6 (a009191): 1- 23.

Belgi A, Akhter Hossain M, W Tregear G, D Wade J. (2011) 'The chemical synthesis of insulin: from the past to the present,' *Immun ology, Endocrine & Metabolic Agents Medicinal Chemistry.;* 11(1):40-47.

Prasad VSS, Adapa D, Vana DR, Choudhury A, Jahangir MA, Chatterjee A. (2018) 'Componentes nutricionais relevantes para a diabetes tipo 2: fontes dietéticas, funções metabólicas e efeitos glicémicos,' *Journal of Research in Mededical and Dental Science ;6(5y.52-75.*

Carvalho FMCC, Lima VCOO, Costa IS, et al. (2016) 'A trypsin inhibitor from tamarind reduces food intake and improves inflammatory status in rats with metabolic syndrome regardless of weight loss,' *Nutrients;* 8 (544):1-14.

Kitamura K, Takamura Y, Iwamoto T, et al. (2017) "Os extractos de triterpenos do tipo dammarano da raiz de Panax notoginseng melhoram a hiperglicemia e a sensibilidade à insulina, aumentando a captação de glicose no músculo esquelético," *Bioscience, Biotechnology and Biochemistry;* 81(2):335-342.

Choi J, Kim KJ, Koh EJ, Lee BY. (2018) O extrato de Gelidium elegans melhora a diabetes tipo 2 através da regulação da sinalização MAPK e PI3K/Akt,' *Nutrientes;* 10(1):51.

Bem GF, Costa CA, Santos IB, et al. (2018) 'Efeito antidiabético do extrato de euterpe oleracea mart (açaí) e treinamento físico em dieta rica em gordura e ratos diabéticos induzidos por estreptozotocina: Uma interação positiva,' *PLoS One.;* 13(6):1-19.

Lo HY, Ho TY, Li CC, Chen JC, Liu JJ, Hsiang CY. (2014) 'Uma nova proteína de ligação ao recetor de insulina de Momordica charantia aumenta a captação de glicose e a depuração de glicose in vitro e in vivo através do desencadeamento da via de sinalização do recetor de insulina, *'Journal of Agricultural Food Chemistry;* 62 (36): 8952-8961.

Lo HY, Ho TY, Lin C, Li CC, Hsiang CY. (2013) 'Momordica charantia e seu novo polipeptídeo regulam a homeostase da glicose em camundongos por meio da ligação ao recetor de insulina', *Journal of Agriculture and Food Chemistry;* 61 (10): 2461-2468.
Moher D, Shamseer L, Clarke M, et al. (2015) 'PRISMA-P Group. Preferred reporting items for systematic review and meta-analysis protocols (PRISMA-P) 2015 statement. Systemic Review. 207:1-9.

Hooijmans CR, Rovers MM, de Vries RB, Leenaars M, RitskesHoitinga M, Langendam MW. (2014) 'SYRCLE's risk of bias tool for animal studies'. *BMC Medical Research Methodology;* 14(10):1281-1285.

Rajeswari R, Sriidevi M. (2014) Estudo da atividade de captação de glicose in vitro de compostos isolados do extrato hidroalcoólico de folhas de cardiospermum halicacabum linn, *'International Journal of Pharmacy andPharmceutical Science*;6(11):181-5.

Kabir OA, Olukayode O, Chidi EO, Christopher CI, Kehinde AF. (2005) "Screening of crude extracts of six medicinal plants used in South-West Nigerian unorthodox medicine for antimethicillin resistant Staphylococcus aureus activity, *'BMC Complementary and Alternative Medicine* 5:6

Cirillo VP. (1962) Yeast Cell Membrane; 485-91.

Song Y, Wang J, Yau T. (2014) Consumo controlado de glicose em leveduras utilizando um dispositivo do tipo transístor Relatórios científicos; *Engenharia metabólica;* 4: 5429

Yang J. e Cao Z. (2017) Libertação de insulina sensível à glicose: Análise de mecanismos, formulações e critérios de avaliação, *The Journal of Controlled Release.* 2017; 10(263): 231239.

Printed by Books on Demand GmbH, Norderstedt / Germany